이해하기 쉬운

식품미생물학

Food MicroBiology

머리말

미생물은 눈에 보이지 않지만, 우리의 삶과 식품 환경에 깊이 관여하는 중요한 생명체입니다. 발효와 보존에 활용되는 한편, 부패와 식중독의 원인이 되기도 하여 식품 위생과 안전을 이해하는 데 핵심적인 역할을 합니다.

『이해하기 쉬운 식품미생물학』은 이러한 미생물의 특성과 식품과의 상호작용을 이론과 실험을 통해 폭넓게 학습할 수 있도록 구성한 교재입니다. 세균, 효모, 곰팡이의 생리와 대사, 식품 보존, 식중독, 프로바이오틱스까지 다양한 주제를 다루며, 기초부터 실제 응용까지 통합적인 학습 경험을 제공합니다.

실험편에서는 배지 제조, 멸균, 미생물 관찰 및 계수, 식중독균 검출 등 현장에서 활용 가능한 실험을 중심으로, 실습 목적과 방법, 결과 해석을 쉽게 이해할 수 있도록 정리하였습니다.

이 책이 식품 관련 전공 학생들에게 이론과 실험 능력을 갖춘 전문가로 성장하는 데 도움이 되기를 바랍니다. 아울러 원고 집필과 교정에 힘써주신 공저자 선생님들께 깊이 감사드리며, 미생물 세계에 대한 여러분의 탐구가 미래를 여는 힘이 되기를 응원합니다.

미생물은 보이지 않지만, 그 가능성은 무한합니다. 여러분의 배움도 그러하길 바랍니다.

2025년 봄

대표저자 강명화

차례

03 미생물의 성장과 증식

04 곰팡이

05 효모

06 세균

07 바이러스와 박테리오파지

FOOD MICROBIOLOGY

FOOD MICROBIOLOGY

chapter

01

미생물학의 개요

1. 미생물의 개요
2. 미생물학의 역사
3. 미생물의 이용 및 응용

chapter 01

1. 미생물의 개요

인류는 오래전부터 미생물에 의한 발효, 부패, 질병 등의 영향을 받아왔다. 미생물microorganism은 '매우 작다'는 의미의 micro와 '생명체'를 뜻하는 organism의 합성어로, 육안으로는 관찰할 수 없는 작은 생명체를 통칭한다. 이들은 세균bacteria(예: 유산균, 대장균), 진균fungi(예: 곰팡이, 효모), 원생동물protozoa(예: 아메바), 바이러스virus 등 다양한 생물군으로 구성되며, 크기, 생물학적 구조, 대사 방식에서 매우 다양한 특징을 가진다. 이들은 생태계에서 분해, 발효, 질병 유발 등 중요한 역할을 한다.

- 세균: 가장 대표적인 미생물군이며, 단세포인 원핵세포로 다양한 형태(예: 구균, 간균, 나선균 등)로 관찰된다.
- 진균: 진핵세포로 주로 다세포 생물로 구성되며, 효모(단세포)와 곰팡이(다세포)가 대표적이다. (예: *Saccharomyces cerevisiae*, *Aspergillus oryzae* 등)
- 원생동물: 주로 단세포 진핵생물로, 환경에서 중요한 역할을 수행한다. (예: 말라리아 원충*Plasmodium*, 아메바 등)
- 바이러스: 스스로 독립된 생명활동을 할 수 없고, 숙주 세포에 침입하여 그 세포의 자원을 이용해 증식한다. (예: 인플루엔자 바이러스, 코로나 바이러스 등)

미생물은 현미경microscope을 이용하여 기본적인 형태의 단위체를 관찰할 수 있는데, 이때 관찰된 기본 단위체를 세포cell라고 한다. 세포는 모든 생명체의 기본 단위로서 여러 공통적인 특징을 가지고 있다.

이러한 특징들은 세포가 생명 활동을 유지하고, 환경에 적응하며, 번식할 수 있도록 하는 중요한 요소들이다.

세포는 구조와 복잡성에 따라 크게 원핵세포prokaryotic cell, prokaryote와 진핵세포eukaryotic cell, eukaryote로 나눌 수 있다(그림 1-1). 원핵세포는 '이전의 핵'을 의미하는 용어로서 이전을 의미하는 'pro'와 핵을 나타내는 'karyon'의 합성어로 핵막이 없어서 세포의 유전물질인 DNA가 세포질에 있는 세포를 말한다. 원핵세포는 세포

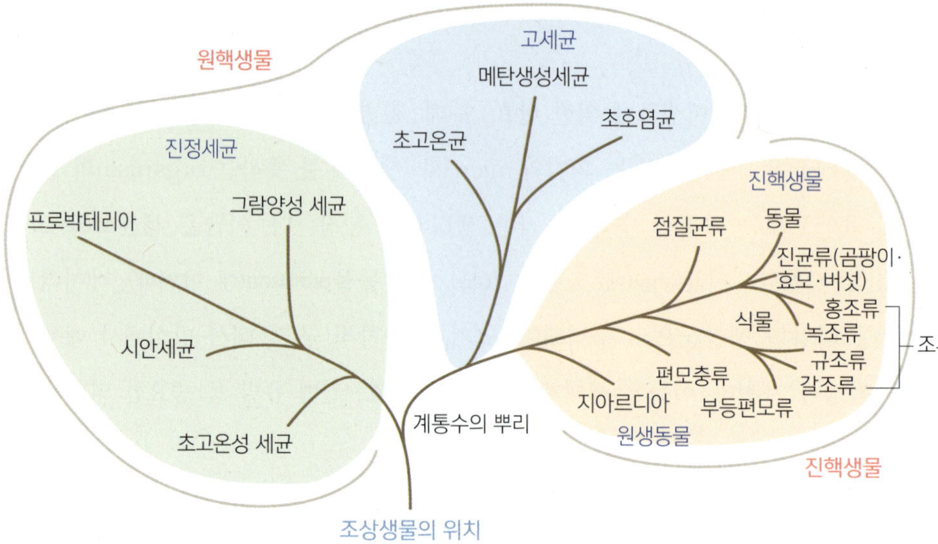

그림 1-1 유전자 분석으로 살펴본 생물의 계통도

내 소기관이 발달되어 있지 않아 핵, 미토콘드리아, 엽록체, 소포체 및 골지체와 같은 세포내 소기관이 없다.

진핵세포는 원핵세포보다 훨씬 복잡한 구조를 가지고 있으며, 막으로 둘러싸인 여러 종류의 소기관(세포내 소기관, 예: 미토콘드리아, 골지체, 소포체 등)과 핵막nuclear membrane으로 둘러쌓인 핵nucleus이 존재한다.

계통분류학phylogenetics은 생물들의 진화적 관계를 기반으로 생물들을 분류하는 학문이다. DNA 서열 분석 기술 등과 같은 유전 정보의 발전으로 계통분류학은 급격히 발전하였으며, 과거의 외형적 특징만을 기반으로 한 분류 체계를 보완하고 있다. 유전적 유사성을 바탕으로 생물들 간의 계통도를 작성하고, 어떤 종들이 공통 조상을 공유하는지를 확인할 수 있다.

현대 생물학에 있어서, 생물분류의 가장 유력한 학설은 3영역domain 6계설kingdom로 원핵생물을 진정세균역bacteria과 고세균역archaea으로 분리하고, 진핵생물역eukaryota과 함께 3영역으로 분류한다. 3영역은 진정세균계, 고세균계, 원생생물계, 균계, 식물계, 동물계로 나누어 6계로 분류한다(그림 1-2).

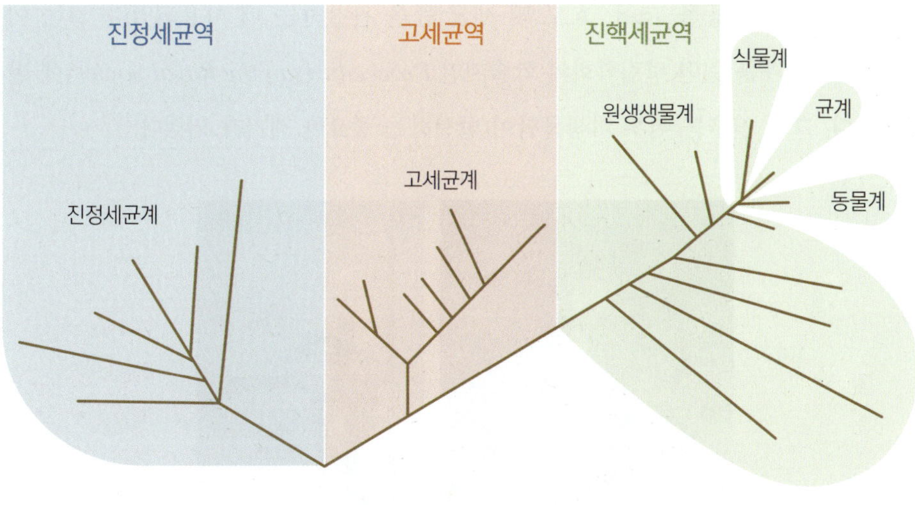

그림 1-2 3영역 6계설

2. 미생물학의 역사

1) 고대와 중세의 미생물 개념에 대한 이해

고대와 중세 사람들은 미생물에 대한 과학적 개념이 없었고, 질병과 자연 현상을 주로 종교적이거나 미신적인 시각으로 해석했다. 그러나 일부 학자들은 질병이 자연적인 원인에 의해 발생할 수 있다는 생각을 발전시키기 시작했으며, 이는 후에 미생물학의 발전에 기초가 되었다.

고대와 중세에는 미생물에 대한 개념이 없었으나, 전염병과 발효 현상 등의 관찰을 통해 그 존재가 추정되었다. 14세기 중세 유럽을 강타한 흑사병(페스트)의 원인을 당시 사람들은 악마나 신의 벌로 해석했으나, 오늘날에는 페스트균*Yersinia pestis*이라는 미생물임이 밝혀졌다.

(1) 미생물학의 발전과 주요 연구자

① 안토니 반 레벤후크

1675년 네덜란드의 과학자 안토니 반 레벤후크Antonie van Leeuwenhoek는 현미경을 발명하고 최초로 미생물을 관찰하였다. 그의 현미경은 최대 270배 정도의 확대율을 가지며, 원생동물, 조류, 효모 및 세균 등을 관찰하는 데 사용되었다. 그는 이러한 연구 결과를 런던 왕립학회의 학술지인 *Proceedings of the Royal Society*에 발표하였다. 그의 연구는 이후 미생물학이 발전하는 중요한 계기가 되었다.

그림 1-3 안토니 반 레벤후크의 현미경

② 루이 파스퇴르

프랑스의 의사이자 미생물학자인 루이 파스퇴르Louis Pasteur는 미생물학의 기초를 다지는 데 큰 역할을 하였으며 '미생물학의 아버지'로 불렸다. 파스퇴르는 미생물이 질병의 원인이 될 수 있다는 사실을 밝혔으며, 미생물학 연구 기술을 급속도로 발전시켰다.

- 자연발생설 vs. 생물속생설
  - 자연발생설abiogenesis: 생명체가 무생물로부터 자연적으로 발생할 수 있다는 이론으로, 고대 그리스 철학자 아리스토텔레스Aristoteles가 이를 주장한 대표적 인물이다.
  - 생물속생설biogenesis: 모든 생명체는 기존의 생명체로부터만 발생할 수 있다는 이론으로, 19세기 프랑스 과학자 루이 파스퇴르는 백조목 플라스크 실험을 통해 이를 증명하였다. 그는 공기가 통하되 먼지나 미생물이 유입되지 않는 플라스크에 영양이 풍부한 액체를 넣고 실험한 결과, 미생물은 스스로 발생하지 않으며, 외부에서 유입된다는 사실이 밝혀졌다. 이 연구를 통해 발효 과정

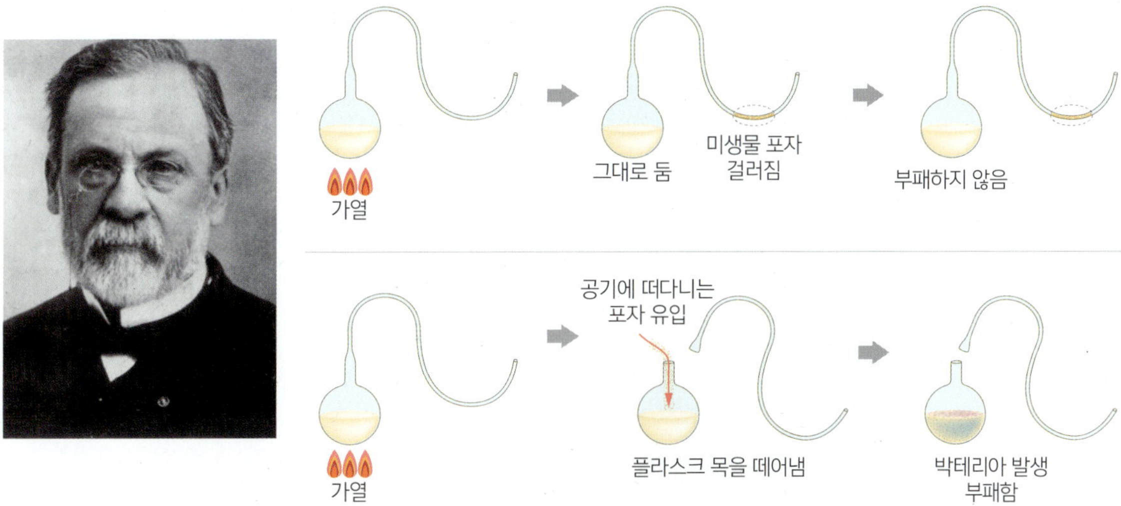

그림 1-4 루이 파스퇴르의 백조목 플라스크 실험

이 미생물에 의해 일어난다는 사실을 밝혀냈으며, 나아가 광견병과 탄저병 백신 개발에도 기여하였다

③ 로버트 코흐

19세기 독일의 미생물학자인 로버트 코흐Robert Koch는 세균이 특정 질병을 일으킨다는 개념을 확립하였다. 그는 코흐의 가설Koch's postulates을 통해 미생물이 특정 질병을 일으키는 원인임을 과학적으로 증명하였다.

- 코흐의 가설: 감염병의 원인을 규명하기 위한 지침으로 사용되었으며, 특정 미생물이 특정 질병을 일으킨다는 점을 증명하는 방법론의 기초를 제공하였고 주요 업적은 다음과 같다.
  - 1882년에 결핵균*Mycobacterium tuberculosis*을 발견하였다.
  - 탄저균*Bacillus anthracis* 및 콜레라균*Vibrio cholerae*을 발견하였다.
  - 감염병 연구의 기초를 확립하였다.

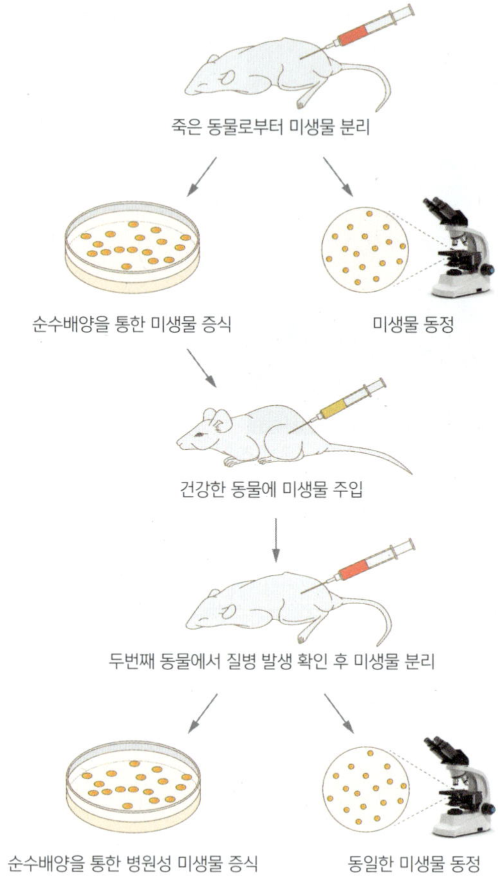

그림 1-5 코흐의 가설

코흐의 가설 4가지

1. 특정 병원체는 항상 그 질병에 걸린 개체에서 발견되어야 하며, 이를 통해 병원체가 질병의 원인임을 처음으로 의심할 수 있음
2. 그 병원체는 질병에 걸린 개체로부터 순수 배양pure culture되어야 함(순수배양: 병원체는 실험실에서 배양되고, 다른 세균과 섞이지 않은 순수한 상태로 분리되고 순수한 상태로 배양되어야 하며, 이를 통해 질병을 일으키는 병원체가 무엇인지 정확하게 파악할 수 있게 할 수 있음)
3. 배양된 병원체를 건강한 개체에 접종했을 때, 동일한 질병이 발생해야 함. 건강한 개체에 병원체를 접종하여 동일한 질병이 발생한다면, 그 병원체가 질병의 원인이라는 강력한 증거가 될 수 있음
4. 새로 감염된 개체에서 동일한 병원체를 다시 분리할 수 있어야 함. 실험적으로 감염된 개체에서 원래 분리한 것과 같은 병원체가 다시 확인되면, 그 병원체가 특정 질병의 원인이라는 사실이 확정될 수 있음

2) 20세기 이후 미생물학의 발전

20세기 이후 미생물학은 과학기술의 발전과 함께 성장하였다. 미생물의 구조와 기능 연구, 질병 원인의 규명, 유전학적 연구, 항생제 개발, 환경 및 산업 분야에서의 미생물 응용이 활발히 진행되었다.

(1) 알렉산더 플레밍과 페니실린

1928년 영국의 미생물학자 알렉산더 플레밍Alexander Fleming은 최초의 항생제인 페니실린을 발견하였다. 그는 실험 중 배양 접시에 있는 세균이 푸른 곰팡이 *Penicillium notatum*에 의해 사멸되는 현상을 관찰하였으며, 해당 곰팡이가 세균을 죽이는 물질을 생산한다는 사실을 밝혀냈다. 페니실린의 영향은 다음과 같다.

- 2차 세계대전 중 감염병 치료에 혁혁한 공을 세웠다.
- 1940년대부터 대량생산 기술이 발전하여 다양한 감염성 질환 치료가 가능해졌다.
- 폐렴, 결핵, 임질, 매독 등의 감염병 치료에 기여하였다.

그러나 항생제 남용으로 인해 항생제 내성균 문제가 대두되었으며, 새로운 항생제 개발이 필요하게 되었다. 미생물학의 발전은 질병 치료와 예방뿐만 아니라 다양한 산업과 환경 문제 해결에도 중요한 역할을 하고 있다. 과거 자연발생설을 반박한 연구에서부터 현대의 유전자 조작 미생물 연구에 이르기까지, 미생물학은 과학과 기술의 발전과 함께 끊임없이 진화하고 있다.

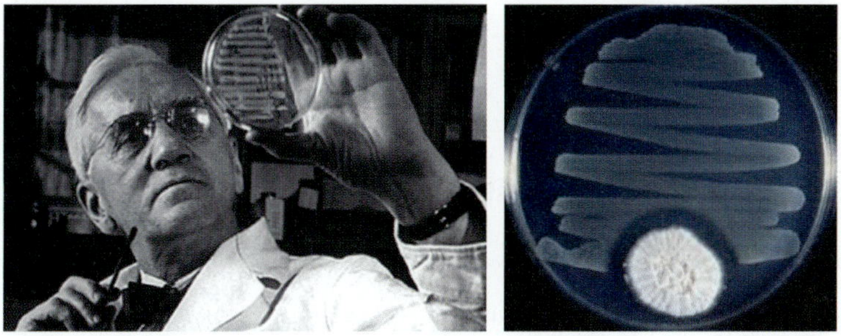

그림 1-6 알렉산더 플레밍과 페니실린의 발견

3) 미생물학의 발전과 유전학적 기술의 진보

(1) DNA 이중 나선 구조의 발견

1953년, 제임스 왓슨James Watson과 프랜시스 크릭Francis Crick은 DNA의 이중 나선double helix 구조를 발견하였다. 이 발견은 생명체의 유전 정보가 DNA에 저장되고 복제된다는 사실을 밝히면서, 유전학 및 분자생물학의 발전에 중요한 전환점을 마련하였다. 이후, 미생물의 DNA 연구는 미생물 유전학과 분자생물학의 발전에 중추적인 역할을 하였다.

그림 1-7 왓슨과 크릭의 DNA 구조

(2) 유전자 클로닝과 재조합 DNA 기술

1970년대부터 유전자 클로닝gene cloning과 재조합 DNArecombinant DNA 기술이 발전하면서 다음과 같이 미생물 연구의 응용 범위가 크게 확장되었다.

- 특정 유전자를 미생물에 삽입하여 원하는 단백질을 대량으로 생산할 수 있게 되었다.
- 인슐린과 같은 의약품의 대량 생산을 가능하게 하였다.
- *Escherichia coli*(대장균)가 유전자 재조합 실험의 주요 도구로 활용되어 생명공학 및 약물 개발에 큰 기여를 하였다.

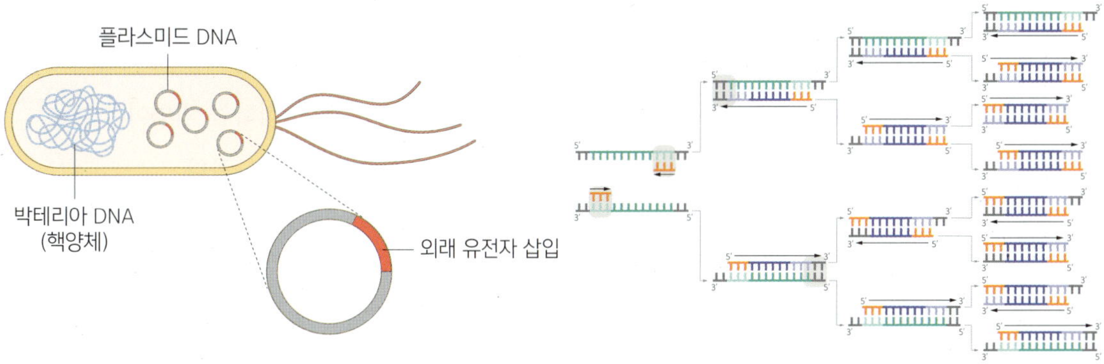

그림 1-8 유전자 재조합과 PCR

(3) PCR(중합효소연쇄반응)의 개발

1983년, 캐리 멀리스Kary Mullis가 PCRpolymerase chain reaction(중합효소연쇄반응) 기법을 개발하였으며 그 특징 및 영향은 다음과 같다.

- 극소량의 DNA를 증폭할 수 있는 기술이다.
- 미생물의 유전적 정보를 신속하게 분석 가능하다.
- 병원균 진단, 질병 추적 및 연구에 크게 기여한다.

(4) 백신 개발

20세기 후반에는 미생물학과 면역학이 결합하여 새로운 백신 개발이 활발하게 이루어졌다.

1979년, 천연두smallpox가 근절되었으며, 폴리오(소아마비), 홍역, 풍진 등 다양한 전염병에 대한 백신이 개발되어 많은 질병을 효과적으로 통제할 수 있게 되었다.

21세기, mRNA 백신 기술 발전으로 코로나19 팬데믹에 신속하게 대응할 수 있는 백신 개발이 가능해졌다.

mRNA 백신
신속하게 병원체에 대한 면역 반응을 유도할 수 있는 방법으로, 백신 개발의 새로운 장을 열었음

(5) 최신 미생물 연구 기술

① 메타게놈 분석(metagenomics)

- 특정 환경에서 미생물 군집 전체의 유전자 구성을 분석하는 기법이다.
- 배양되지 않은 미생물의 유전자 정보를 대량 분석이 가능하다.
- 미생물의 역할과 대사 경로를 이해하는 데 큰 도움이 된다.

② 유전자 편집 기술(gene editing)

- CRISPR-Cas9와 같은 유전자 편집 도구가 개발되었다.
- 특정 DNA를 정확하게 잘라내거나 수정이 가능하다.
- 미생물 연구뿐만 아니라 다양한 생명체의 유전자 조작, 신약 개발, 질병 치료 연구에 기여를 하였다.

미생물학의 발전은 유전학과 분자생물학의 혁신적인 연구들과 밀접한 관련이 있다. DNA 구조 발견, 유전자 클로닝, PCR, 백신 개발, 메타게놈 분석, 유전자 편집 기술 등의 발전은 미생물 연구의 패러다임을 바꾸었으며, 의약품 개발과 질병 진단에 기여하면서 현대 생명공학의 기반을 형성하고 있다.

3. 미생물의 이용 및 응용

미생물학은 미생물을 연구하는 학문으로, 다양한 분야에서 중요한 응용 가능성을 지닌다.

1) 의학 및 제약

의학 및 제약산업 분야에서 미생물의 이용은 매우 광범위하며, 다양한 방법으로 질병 예방, 진단, 치료에 기여하고 있다.

2) 환경

환경 분야에서 미생물은 다양한 방식으로 환경 보호, 복원, 자원 관리 등에 기여하고 있다. 미생물은 자연 환경에서 물질을 분해하거나 오염 물질을 제거하는 능력을 가지고 있어, 이를 이용해 환경 문제를 해결하는 여러 기술들이 개발되었다. 미생물은 환경 문제 해결에 필수적인 역할을 하며, 오염 정화, 자원 관리, 농업 생산성 향상 등에 중요한 기여를 하고 있다. 이러한 미생물 기반 기술은 환경 보호와 지속 가능성을 추구하는 현대 사회에서 매우 중요한 도구로 자리 잡고 있다.

3) 식품 산업

식품 산업에서 미생물의 이용은 매우 오랜 역사를 가지고 있으며, 다양한 식품 생산과 품질 향상에 중요한 역할을 하고 있다. 미생물은 발효 과정, 식품 보존, 그리고 건강 증진을 위한 식품 개발 등에 활용되고 있다. 식품의 맛과 질을 개선하는 데 기여할 뿐만 아니라, 미생물을 통해 식품의 영양적 가치를 높이고, 보존성을 향상시키는 다양한 기술이 발전하고 있다.

4) 바이오 연료

미생물을 이용해 에탄올이나 메탄올 등의 바이오 연료를 생산할 수 있다. 이는 화석 연료에 대한 의존도를 줄이고, 친환경 에너지 생산을 촉진할 수 있다. 바이오 연료는 식물, 폐기물, 미생물 등 생물학적 자원을 기반으로 만들어지는 재생 가능한 에너지원으로 미생물은 바이오 연료 생산에 중요한 역할을 하며, 유기물의 분해, 발효, 대사 과정을 통해 다양한 종류의 바이오 연료를 생산한다. 이러한 기술들은 환경 오염을 줄이고, 재생 가능 에너지의 생산을 증가시키는 데 큰 기여를 하고 있다.

5) 화장품 산업

화장품 산업에서 미생물은 다양한 방식으로 활용되며, 자연적이고 친환경적인 화장품을 개발하는 데 중요한 역할을 하고 있다. 미생물은 피부 개선, 보습, 항염 효과 등을 제공하는 성분을 생산하거나, 발효 과정을 활용하여 기능성 화장품을 제조하는 데 사용되며, 최근에는 미생물 유래 성분을 활용한 프로바이오틱스 화장품 등이 각광받고 있다.

6) 생물공학

생물공학은 생물체의 기능을 활용해 인간에게 유용한 제품을 개발하고, 환경과 에너지를 포함한 다양한 문제를 해결하는 학문이다. 그중 미생물은 중요한 역할을 하며, 미생물의 효소, 유전자, 대사 과정을 이용해 의약품, 에너지, 환경 복원, 농업 등 여러 분야에서 다양한 생물공학적 응용이 이루어지고 있다. 이렇듯 미생물을 활용한 생물공학 관련 분야는 다양한 산업에서 실질적인 이익을 제공하며, 미래에도 지속적인 발전 가능성이 높은 분야이다.

FOOD MICROBIOLOGY

chapter

02

미생물의 특성

chapter 02

1. 미생물의 분류

지구상의 생태계는 크게 무생물과 생물로 구분된다. 이 중 바이러스는 무생물과 생물의 특성을 모두 가지며, 생명체와 무생물 사이의 중간적인 존재로 여겨진다. 생물은 세포 내에 핵이 있는지 여부에 따라 두 가지로 분류된다. 첫 번째는 진정한 핵이 없는 원핵생물이고, 두 번째는 핵과 다양한 소기관을 가진 진핵생물이다.

육안으로 관찰하기 어려울 정도로 작은 생물을 미생물이라 부르며, 미생물은 크게 원핵생물과 진핵생물로 나뉜다. 원핵생물에는 세균이 있으며, 진핵생물에는 효모, 곰팡이, 버섯 등이 포함된다. 또한, 바이러스도 미생물의 범주에 포함될 수 있다 (그림 2-1).

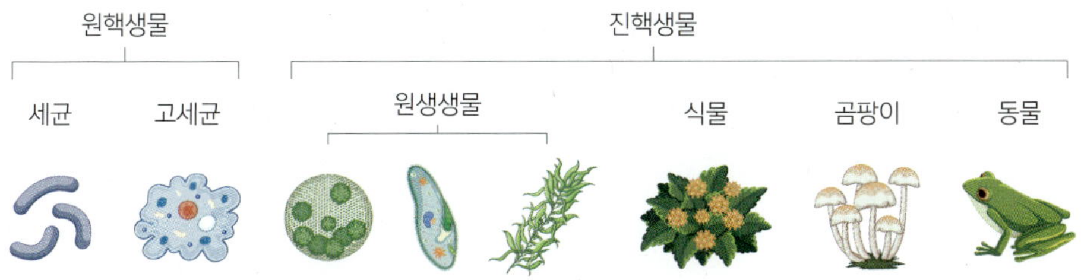

그림 2-1 미생물의 분류

표 2-1 미생물의 세부분류 및 특징

분류	특징
세균(bacteria)	원핵생물, 독립적인 대사와 증식을 통해 생존함
효모(yeast)	진핵생물, 주로 단세포로 이루어져 있으며 발효 과정을 통해 에너지를 얻음
곰팡이(fungi)	진핵생물, 다세포 또는 단세포 생물로서 주로 분해자로 작용함
버섯(mushroom)	진핵생물, 다세포 곰팡이의 일종으로 주로 균사체와 자실체로 구성됨
바이러스(virus)	세포 구조가 없으며 숙주 세포 내에서만 증식이 가능함

1) 미생물 분류 체계

미생물의 분류는 일반적으로 종－속－과－목－강－문－계－영역－생명의 분류 체계를 따른다. 미생물의 이름은 이 중 속과 종에서 유래한 속명과 종명으로 명명된다(그림 2-2).

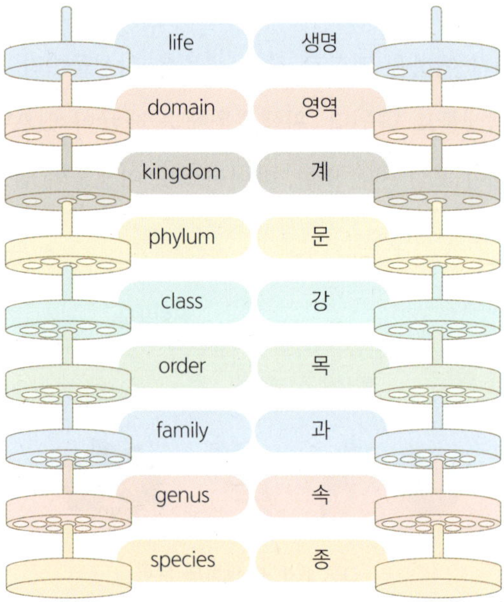

그림 2-2 미생물의 분류 체계

2) 미생물 분류 방법

미생물을 분류하는 주요 다섯 가지 방법은 다음과 같다.

(1) 자연적 분류법

생물이 오랜 진화 과정을 거치며 어떻게 변화했는지를 계통적으로 분류하는 방식이다. 화석을 통해 지질시대 이후 생물의 변천 과정을 추측할 수 있다. 그러나 미생물 화석은 드물기 때문에, 곰팡이의 유성생식에 의해 생성된 포자의 분류에 주로 사용된다.

(2) 인위적 분류법

형태적 특징이나 특정 성질에 따라 임의로 미생물을 분류하는 방식이다. 예를 들어, 토양미생물, 해양미생물, 식품미생물과 같이 서식지에 따라 분류하거나, 알코올효모, 젖산균, 질소고정균, 아질산균 등과 같이 미생물이 생산하는 대사산물에 따라 분류한다.

(3) 분자생물학적 분류법

미생물의 DNA 염기 배열(A; adenine, G; guanine, C; cytosine, T; thymine)을 기반으로 차이를 분석해 분류하는 방법이다. 이 방법을 통해 종과 속의 판정이 어려운 미생물의 분리 및 동정이 가능하다.

(4) 생화학적 분류법

미생물의 세포 구성 성분이나 생성물을 바탕으로 구분하는 방식이다. 예를 들어, 세포벽의 화학적 조성, 대사 과정에서 생성되는 효소 단백질, 물질의 생합성 경로 등의 차이를 비교 분석하여 분류한다.

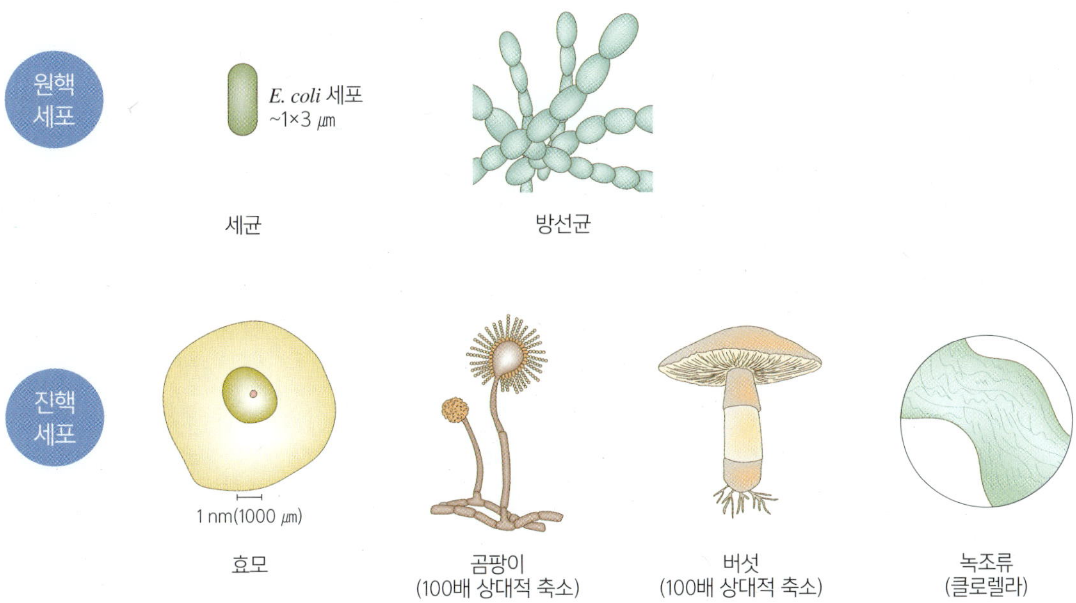

그림 2-3 식품미생물의 종류 및 크기 비교

(5) 수치적 분류법

미생물의 다양한 특성 데이터를 수집한 후, 통계적으로 유사성을 +, −로 표현하여 분류하는 방식이다. 이 방법은 40~50가지 이상의 형태, 성상, 생리적 특징, 화학적 특징 등의 데이터를 필요로 하며, 이를 기반으로 통계 처리하여 분류한다.

2. 미생물의 명명법

미생물의 학명scientific name은 속명genus과 종명species을 조합한 이명법binomial nomenclature을 사용한다. 이 명명법은 국제 규약에 따라 정해진다.

세균류는 국제세균명명규약International Bacteriological Code of Nomenclature에 따라 명명되며, 진균류는 국제식물명명규약International Code of Nomenclature for Algae, Fungi and Plants을 따른다.

학명은 이탤릭체로 표기한다. 속명의 첫 글자는 대문자로 쓰고, 종명의 첫 글자는 소문자로 쓴다. 속명과 종명 사이에는 한 칸 띄어쓰기를 한다(표 2-2). **예시** *Escherichia coli* (속명: *Escherichia*, 종명: *coli*)

표 2-2 미생물의 명명법

일반명	속명	종명
황국곰팡이	*Aspergillus*	*oryzae*
흑국곰팡이	*Aspergillus*	*niger*
푸른곰팡이	*Penicillium*	*chrysogenum*
거미줄곰팡이	*Rhizopus*	*nigricans*
빵효모	*Saccharomyces*	*cerevisiae*
고초균	*Bacillus*	*subtilis*
젖산균	*Lactobacillus*	*plantarum*
초산균	*Acetobacter*	*aceti*

1) 미생물의 이름 부여 방식

미생물의 이름은 발견 장소, 발견자, 분리원, 생리적 특징, 형태적 특징 등을 바탕으로 부여되기도 한다(표 2-3). 속명은 앞에서 언급한 적이 있을 경우 줄여서 사용할 수 있다. 예를 들어, *Aspergillus oryzae*는 *A. oryzae* 또는 *Asp. oryzae*로 줄여서 표기할 수 있다. 미생물을 새로 동정할 때 속명은 알지만 기존의 종명과 일치하지 않거나 신종으로 분류하기 어려운 경우에는 sp.를 붙인다. **예시** *Aspergillus* sp.

또한, 특정 미생물의 여러 종species을 통틀어 지칭할 때는 복수형인 spp.를 사용한다. 예를 들어, *Aspergillus*속의 모든 종을 지칭할 때는 *Aspergillus* spp.로 표기한다.

표 2-3 미생물 명명의 뜻

원리	학명	의미
이용되는 기질	*Saccharomyces cerevisiae*	당액 발효
생산되는 기질	*Acetobacter aceti*	식초
적정 생육온도	*Streptococcus thermophilus*	고온에서 생육
색깔	*Aspergillus niger*	검은색
크기	*Bacillus megaterium*	균 크기가 큼
발견자	*Trichodima reesei*	Reese가 발견
발견장소	*Lactobacillus bulgaricus*	Bulgaria에서 발견

3. 미생물의 세포 구조와 기능

세포는 모든 생명의 기본 단위로서, 생물체의 구조적 및 기능적 단위이다. 생물은 하나의 세포로 이루어진 단세포 생물(예: 세균, 원생생물)과 여러 개의 세포로 이루어진 다세포 생물(예: 식물, 동물, 곰팡이)로 나눌 수 있다.

세포는 크게 원핵세포prokaryotic cell와 진핵세포eukaryotic cell로 구분된다(표 2-4). 원핵세포는 진핵세포에 비해 크기가 약 10분의 1 정도로 작고, 구조가 단순하다(그림 2-4). 원핵세포에는 핵이 없으며, DNA는 핵양체nucleoid라고 불리는 핵과 유사한 지역에 꼬여 있다. 진핵세포는 핵을 포함하여, 특정한 기능을 수행하는 다양한 세포 내 소기관organelle이 막으로 둘러싸여 있다. 이러한 세포내 소기관은 세포 내에서 특정한 기능을 수행하며, 진핵세포는 복잡한 구조를 가지고 있다.

표 2-4 원핵세포와 진핵세포의 비교

성질	원핵세포	진핵세포
미생물 종류	세균, 방선균, 남세균(남조류)	곰팡이, 효모, 조류, 버섯류
핵막	없음	있음
인	없음	있음
염색체	1개(히스톤 단백질 없음)	다수(히스톤 단백질 등과 결합)
플라스미드	있음	거의 없음
세포막의 스테롤	없음	있음
리보솜	작음	큼
내생포자	일부 있음	없음
호흡계	메소솜 또는 세포막	미토콘드리아

1) 원핵세포 미생물

(1) 세균, 진정세균

세균bacteria은 단세포 생물로 작고 하등한 미생물이며, 고세균과 구분하기 위해 진정세균eubacteria이라고도 불린다. 세균은 형태에 따라 동그란 구균coccus, 길쭉한 간균bacillus, 나선형의 나선균spirillum으로 나뉜다.

- 남세균blue-green algae, Cyanobacteria: 광합성이 가능한 세균으로, 녹조 현상을 일으켜 수질을 오염시키는 미크로시스티스Microcystis와, 수돗물의 이취미를 유발하는 포미디움Phormidium, 아나베나Anabaena 등이 있다.
- 방선균Actinobacteria: 외생포자를 만들어 곰팡이와 유사하지만, 원핵세포 구조를 가지며, 그람 염색에서 양성 반응을 나타내는 세균이다.

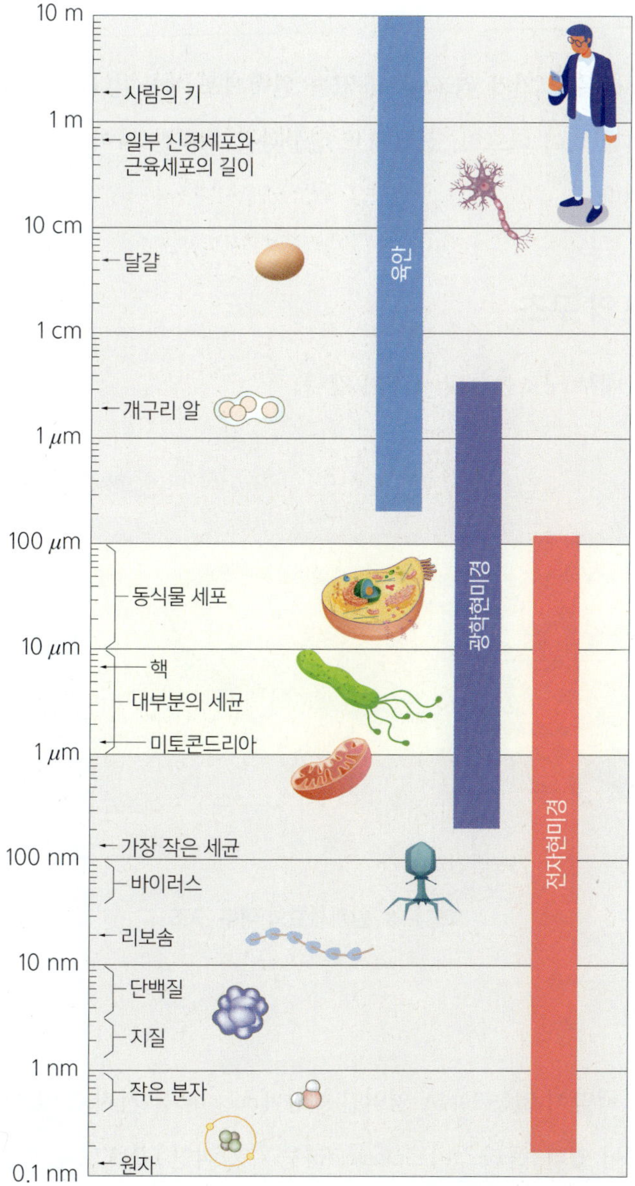
10 m
사람의 키
1 m
일부 신경세포와
근육세포의 길이
10 cm
달걀
1 cm
개구리 알
1 μm
100 μm
동식물 세포
10 μm
핵
대부분의 세균
미토콘드리아
1 μm
가장 작은 세균
100 nm
바이러스
리보솜
10 nm
단백질
지질
1 nm
작은 분자
원자
0.1 nm
육안
광학현미경
전자현미경

그림 2-4 세포의 크기

(2) 고세균

고세균Archaea은 크기가 작고 핵이 없는 원핵세포 생물이다. 세균과는 세포벽과 세포막의 지질 구성이 다르며, 진핵세포 생물과도 뚜렷한 차이가 있어 새로운 생물군으로 분류된다.

2) 원핵세포의 구조

원핵세포의 내부 구조는 그림 2-5와 같다.

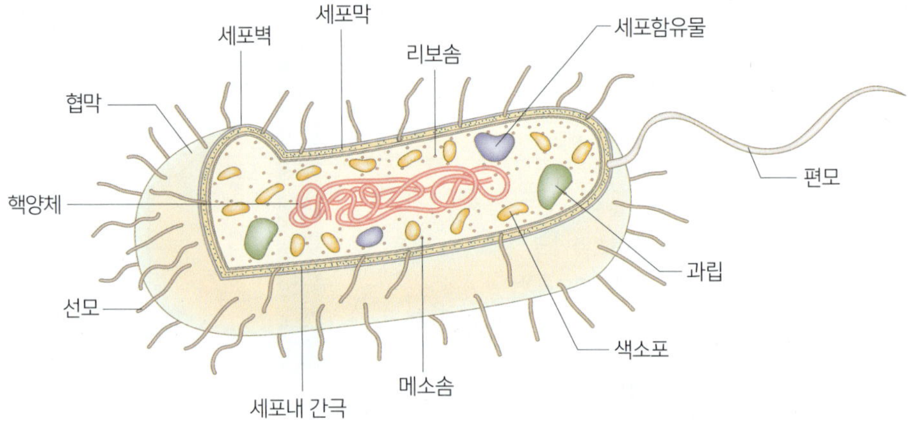

그림 2-5 원핵세포의 내부 구조

(1) 핵양체

원핵세포는 핵막이 없는 DNA 영역인 핵양체nucleoid를 가지고 있으며, DNA는 세포질에 노출되어 있다. 플라스미드plasmid라는 추가적인 DNA도 존재할 수 있다.

(2) 협막

세포벽 외부에 점질층이 형성되어 있으며, 이 점질층이 단단히 결합된 것을 협막capsule이라고 한다. 협막은 물리적 방법이나 화학적 방법으로 제거할 수 있다.

(3) 세포벽

세포벽cell wall은 세포의 형태를 유지하고 보호하며, 세균은 세포벽 성분에 따라 그람양성균과 그람음성균으로 나뉜다(그림 2-6, 표 2-5).

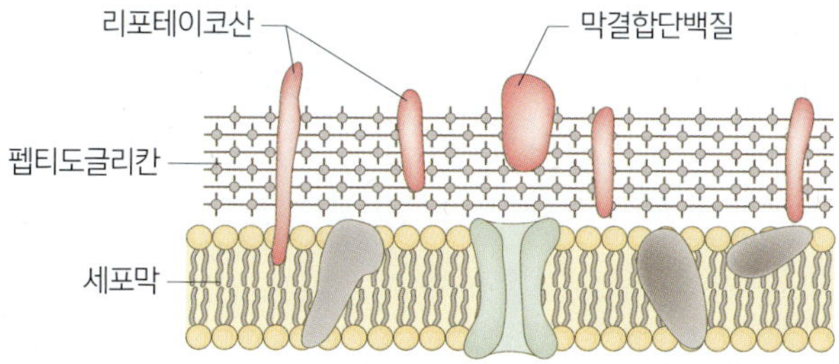

그람양성균

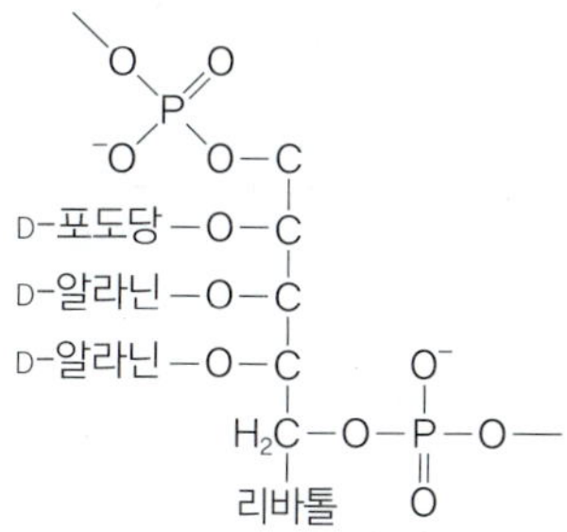

테이코산의 구조

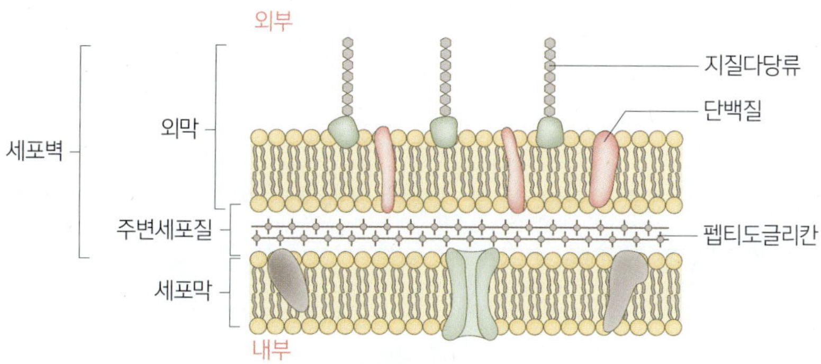

그람음성균

그림 2-6 그람양성균과 그람음성균의 세포벽 구조

표 2-5 그람양성균과 그람음성균의 세포벽 비교

특징	그람양성	그람음성
세포벽	두꺼운 단일층	얇은 이중층
펩티도글리칸	많음	적음
테이코산	있음	없음
지질의 양	적음	많음
단백질	없음	있음

- 그람양성균: 두꺼운 펩티도글리칸층을 가진다.
- 그람음성균: 얇은 펩티도글리칸 층과 외층의 지질다당류, 내층의 뮤코단백질로 구성된다.

(4) 세포막

지질 이중층으로 이루어진 세포막cell membrane은 물질의 출입을 조절하고, 메소솜을 통해 세포 호흡을 돕는다.

(5) 세포질

세포질cytoplasm은 시토솔과 염색체, 리보솜 등으로 구성된 혼합물이다.

(6) 리보솜

리보솜ribosome은 단백질 합성이 이루어지는 곳이며, RNA로 구성되어 있다.

(7) 편모

편모flagella는 세균의 운동기관으로, 플라젤린 단백질로 이루어진 편모섬유가 나선형 운동을 통해 이동을 돕는다(그림 2-7).

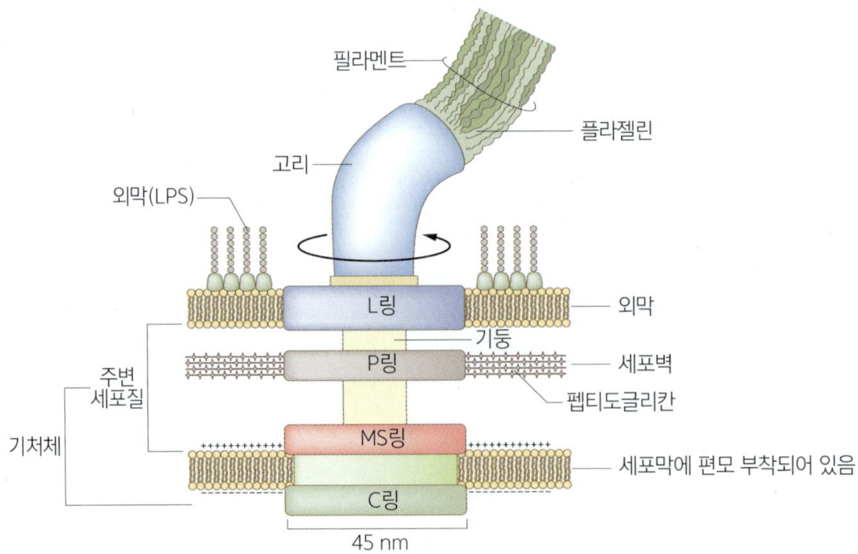

그림 2-7 편모의 구조

(8) 선모

선모pilus는 짧고 가늘며, 주로 그람음성균에서 발견된다. DNA 전달과 물체 부착에 관여한다.

(9) 포자

세균은 환경이 악화되면 내열성 포자spore를 형성하여 생존하며, *Bacillus*속과 *Clostridium*속에서 형성된 포자는 오랫동안 생존할 수 있다(표 2-6).

표 2-6 포자와 영양세포의 비교

특징	포자	영양세포
구조	외피, 포자각, 피층, 심부	원핵세포의 구조 참고
현미경 관찰	굴절성	비굴절성
디피콜린산	다량 함유	없음
효소 활성	낮음	높음
열저항	높음	낮음
방사선 저항	높음	낮음
화학물질 저항	높음	낮음
색소에 의한 염색	염색 가능	특수 염색법으로만 가능

3) 진핵세포 미생물

(1) 균류

균류fungi는 진핵세포로 이루어져 있으며, 효모, 곰팡이, 버섯 등이 속한다. 엽록소가 없어 광합성을 할 수 없기 때문에 다른 유기물에 기생하거나 이를 분해하여 영양분을 얻는다.

(2) 조류

조류algae는 식물처럼 뿌리, 줄기, 잎으로 나뉘지 않으며, 열매를 맺지 않고 포자로 번식하는 하등식물이다. 엽록소를 이용해 광합성을 하여 스스로 양분을 만들며,

주로 수중이나 습한 환경에서 서식한다. 바다에 서식하는 조류는 색에 따라 녹조류, 갈조류, 홍조류로 나뉘며, 민물에서는 클로렐라와 같은 단세포 녹조류가 대표적이다.

- 홍조류red algae, rhodophytes: 홍조류는 엽록소 a와 흡광색소인 피코빌린phyco-bilin을 가지고 있다. 대부분 다세포성이며, 편모가 없다. 일부 홍조류는 세균 배지 제조에 쓰이는 한천agar의 원료로 사용되며, 김과 우뭇가사리가 이에 속한다.
- 갈조류brown algae, phaeophyta: 갈조류는 갈색 색소인 크산토필xanthophyll을 포함하고 있으며, 다시마, 미역, 톳 등이 이에 해당한다.
- 녹조류green algae, chlorophytes: 녹조류는 엽록소 a와 b를 포함한 광합성 색소를 가지고 있으며, 파래, 청태, 클로렐라 등이 속한다.
- 규조류diatom: 규조류는 담수와 해수에 존재하는 황색 조류로, 엽록소 a와 크산토필 계열의 색소를 포함한다. 플랑크톤의 일종으로, 다량 퇴적 될 경우 규조토를 형성한다.

4) 진핵세포의 구조

진핵세포는 원핵세포가 진화한 형태로, 크기가 더 크고 구조가 복잡하다. 세포질, 세포막, 세포벽으로 이루어져 있으며, 세포막 내에는 다양한 세포소기관이 존재한다. 주요 세포소기관에는 핵, 미토콘드리아, 소포체, 골지체 등이 포함된다(그림 2-8). 진핵세포로 구성된 단세포 미생물인 효모와 다세포 미생물인 곰팡이, 버섯, 조류 등이 포함된다.

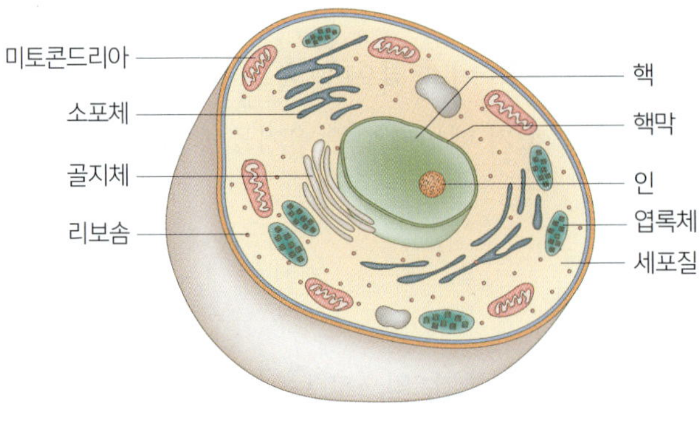

그림 2-8 진핵세포의 내부 구조

(1) 핵

진핵세포의 핵nucleus은 인지질 이중막으로 구성된 핵막으로 둘러싸여 있으며, 유전정보를 저장하는 역할을 한다. 이 유전정보는 이중나선 구조의 DNA와 단백질로 이루어진 염색체에 저장되며, 핵 내 인nucleolus에서 RNA 합성이 이루어진다.

(2) 세포벽

세포벽cell wall은 세포에 형태와 강도를 제공하고, 외부의 충격과 삼투압으로부터 세포를 보호한다. 주로 키틴, 글루칸, 셀룰로스로 구성된다.

(3) 세포막

세포막cell membrane은 물질을 선택적으로 투과하며, 외부 신호를 감지하는 역할을 한다.

(4) 미토콘드리아

미토콘드리아mitochondria는 ATP를 생산하는 세포의 에너지 기관으로, 내막과 외막으로 이루어진 이중막 구조를 가진다. 내막은 크리스타 구조를 형성하여 표면적을 넓히며, 독립적인 DNA를 보유하고 있다.

(5) 리보솜

진핵세포의 리보솜ribosome은 80S로, 원핵세포의 70S 리보솜보다 크다. 단백질의 합성이 이루어지는 장소이다.

(6) 소포체

- 조면소포체rough endoplasmic reticulum, RER: 리보솜이 부착되어 있어 단백질 합성에 관여한다.
- 활면소포체smooth endoplasmic reticulum, SER: 리보솜이 부착되지 않으며, 지질 합성과 물질 대사에 관여한다.

(7) 골지체

골지체golgi complex는 단백질의 저장, 분비, 탄수화물 합성, 글리코프로테인 생성 및 운반을 담당한다.

(8) 리소좀

리소좀lysosome은 소화 효소를 포함하여 세포 내 소화를 담당한다.

(9) 액포

액포vacuole는 수용액을 포함하고 있으며, 물질 저장 및 대사 산물의 분해에 관여한다.

(10) 엽록체

엽록체chloroplast는 광합성 색소와 효소를 가지고 있어 광합성을 수행하며, 독립된 DNA를 보유하고 있다.

FOOD MICROBIOLOGY

chapter

03

미생물의 성장과 증식

1. 미생물의 증식 곡선
2. 미생물의 증식 조건
3. 미생물의 증식 방법
4. 미생물의 번식 방법
5. 환경 요인이 미생물의 증식에 미치는 영향

chapter 03

1. 미생물의 증식 곡선

미생물을 새로운 배지에 접종하면 분열을 통해 증식하게 되지만, 일반적으로 급격한 성장은 짧은 기간 동안에만 나타난다. 배양 기간 중 시간 경과에 따라 세포 수를 조사하면, S자 형태의 시그모이드 곡선sigmoid curve을 나타내는 미생물 증식 곡선growth curve이 형성된다(그림 3-1).

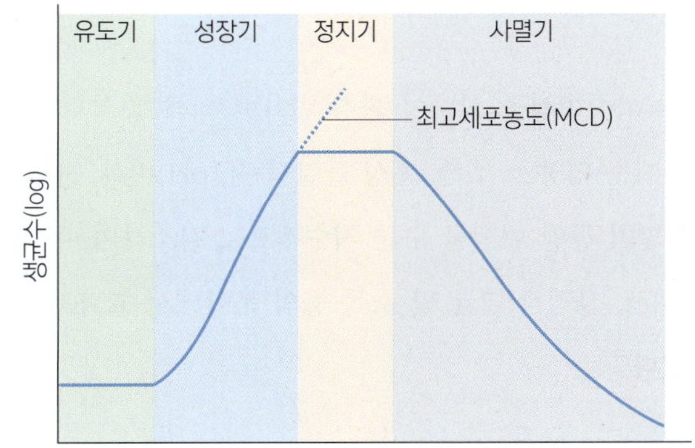

그림 3-1 미생물의 증식 곡선

1) 유도기

유도기lag phase에 있는 미생물의 세포 내에서는 새로운 원형질이 합성되면서 증식에 필요한 여러 가지 요소를 준비하게 되며, 세포 안에 RNA의 양이 현저하게 증가하고 대수기로 가면서 감소하게 된다. 상대적으로 DNA 양은 전 기간 동안 거의 일정하게 유지한다.

2) 성장기

성장기logarithmic phase는 미생물의 생리적 활동이 가장 왕성한 시기로 증식은 기하급수적으로 증가하고 세대시간과 세포의 크기가 일정하다. 세포 수가 증가함에 따라 대사 생성물과 노폐물이 축적되므로 발육 속도도 완만해지고 정지기로 옮겨가게 된다.

3) 정지기

정지기stationary phase 때 생균수는 최대치에 이르게 되지만 영양물질의 고갈, 생산물의 축적, 배지 pH(수소이온 농도)의 변화 등에 따른 불리한 환경으로 점차 증식이 완만해지는 시기이다. 증식 세포와 사멸 세포가 평행을 이루었다가 사멸기로 옮겨간다.

4) 사멸기

사멸기death phase는 미생물 집단이 환경 변화에 의해 증식보다 사멸 속도가 증가하는 시기이며, 이는 영양소 부족, 독성 물질 축적, pH 변화, 산소 농도 변화 등에 의해 발생한다. 사멸기 동안 미생물 수는 지수적으로 감소하며, 이 원리를 활용하여 식품 보존, 의료 위생, 산업적 멸균 및 소독 등의 분야에서 효과적으로 미생물의 생장을 억제할 수 있다.

2. 미생물의 증식 조건

1) 온도

온도는 미생물의 증식에 영향을 미치는 중요한 환경요인 중 하나이다. 온도는 미생물의 생육뿐만 아니라 세포의 크기, 대사산물의 생산, 영양 요구성, 효소 반응과 세포의 화학적 조성에도 영향을 미친다. 미생물은 생육에 맞는 온도 범위에 따라 저온성균, 중온성균, 고온성균 등으로 분류할 수 있다.

2) 영양소

세포는 물과 고형성분으로 구성되는데 일반적으로 고형성분은 탄소원과 질소원, 무기염류 등으로 구분한다.

(1) 탄소원

탄소원carbon sources은 세포를 구성하는 기본 골격을 제공할 뿐만 아니라 생육에 필요한 에너지원으로 이용된다. 대부분의 미생물이 가장 잘 이용하는 탄소원은 포도당이며, 과당 등과 같은 단당류와 설탕(자당)과 같은 이당류 등을 잘 이용한다.

전분starch과 같은 고분자 탄수화물의 경우 세포 내부로 들어갈 수 없기 때문에 전분을 가수분해하는 효소amylase를 생산하는 미생물만이 전분을 이용할 수 있다.

(2) 질소원

질소원nitrogen sources은 세포의 단백질, DNA, RNA 및 질소를 포함하는 세포 물질을 합성하는데 꼭 필요한 영양소이다. 대부분의 미생물이 잘 이용하는 질소원은 아미노산이다.

단백질 같은 고분자 화합물은 세포 내로 들어갈 수 없기 때문에 세포 밖으로 분비된 단백질 분해효소에 의해서 저분자의 펩타이드나 아미노산으로 분해되어 이용된다.

(3) 무기염류

미생물의 성장에 필요한 다량 무기염류minerals는 P, Mg, Na, K 등이며, Fe, Mn, Co, Zn 등은 미량 무기염류에 해당되며, 대부분 효소의 활성에 관여한다. P은 ATP를 포함한 핵산의 성분이고 Mg, Fe, Mn 등은 효소의 구성 성분 또는 활성제cofactor로서 작용한다.

3) 수분

수분은 모든 미생물의 생육에 필수적인 인자로 미생물 세포의 약 75~85%를 구성하고 있다. 수분은 영양성분의 용매로 작용하며, 세포에서 일어나는 대부분의 생화학 반응에도 관여한다. 대부분의 미생물은 수분이 적은 환경에서 정상적인 대사 활동이나 성장을 할 수 없다.

(1) 수분 활성도

식품 중 수분은 자유수free water와 결합수bound water의 형태로 존재한다. 미생물은 결합수를 이용하지 못하고 자유수만을 이용한다. 결합수는 식품 내 단백질이나 탄수화물 등 식품 성분과 결합한 상태로 용매로서 역할을 하지 못하며 화학반응에도 참여하지 못한다.

식품 내 수분 함량이 높다고 반드시 미생물의 생육이 잘 일어나는 것은 아니다.

따라서 미생물이 이용할 수 있는 수분은 식품 중 수분 함량보다는 미생물의 이용 가능한 수분의 양으로 수분 활성도water activity, Aw로 표시할 수 있다. 수분 활성도는 식품이 갖는 증기압P과 순수한 물의 증기압P_0 사이의 비율로 나타낼 수 있다.

$$\text{수분 활성도(Aw)} = \frac{\text{식품이 갖는 증기압}(P)}{\text{순수한 물의 증기압}(P_0)}$$

수분 활성도는 화학반응이나 미생물의 생육에 이용 가능한 수분량의 척도이다. 수분 활성도는 수용액 중 용질에 따라 농도가 달라지고 용질의 농도가 높으면 저하된다.

수분 활성도 값의 범위는 0에서 1까지이며, 일반적인 미생물의 생육을 위한 최적의 수분 활성도는 0.95~0.99 정도이다.

4) pH(수소이온 농도)

미생물의 증식은 pH에 크게 영향을 받기 때문에 pH 요구도에 따라 미생물을 분류하기도 한다. 대부분의 식품의 산성 내지 중성에 해당되기 때문에 미생물과 pH의 관계는 최저, 최적 pH가 매우 중요하다.

pH는 용액 속 수소이온 농도의 대수값으로 용액의 산도 및 알칼리도를 나타낸다.

$$\text{pH} = \log\frac{1}{[H^+]} = -\log[H^+]$$

일반적으로 세균들의 최적 pH는 6.5~7.5인 중성 부근이고, pH 4.5~5.0 이하에서는 잘 생육하지 못한다. 곰팡이와 효모는 약산성인 pH 5~6 부근에서 잘 생육한다.

pH 4.5 이상의 식품에서는 많은 미생물이 생육하고 있으며, 주요 식중독균인 *Staphylococcus aureus, Salmonella typhimurium, Clostridium botulinum* 등이 생육할 수 있다. pH 4.5 이하에서 식중독균은 거의 생육할 수 없고 독소도 생성되지 않는다(표 3-1).

표 3-1 미생물의 생육과 pH 범위

미생물	최적 pH
세균(대부분)	6.5~7.5
*Acetobacter*속	5.4~6.3
Bacillus subtilis	6.8~7.2
Clostridium botulinum	6.0~8.0
Clostridium perfringens	6.0~7.6
Escherichia coli	6.0~8.0
*Lactobacillus*속(대부분)	5.5~6.0
Lactobacillus acidophilus	5.5~6.0
Lactobacillus plantarum	5.5~6.5
*Pseudomonas*속(대부분)	6.6~7.0
*Salmonella*속(대부분)	6.5~7.5
Staphylococcus aureus	6.0~7.0
Vibrio parahaemolyticus	7.5~8.5
효모(대부분)	4.0~6.5
*Hansenula*속	4.5~5.5
Saccharomyces cerevisiae	4.0~5.0
곰팡이(대부분)	4.5~6.8
Aspergillus niger	3.0~6.0
Aspergillus oryzae	-
*Mucor*속	3.0~6.1
*Penicillium*속	4.5~6.7

3. 미생물의 증식 방법

미생물의 증식 방법은 미생물의 종류에 따라 다르게 나타난다. 세균, 효모, 곰팡이는 각각 다른 증식 방법으로 증식한다.

1) 세균의 분열에 의한 증식

세균은 주로 이분법binary fission을 통해 증식하며, 이는 세포 하나가 두 개의 동일한 딸세포로 분열한다(그림 3-2). 이 과정은 매우 빠르게 이루어질 수 있으며, 적절한 환경이 갖춰지면 짧은 시간 안에 세균 집단이 크게 증가할 수 있다. 세균의 증식은 일반적인 미생물의 생장 곡선과 마찬가지로 4단계의 과정을 따른다.

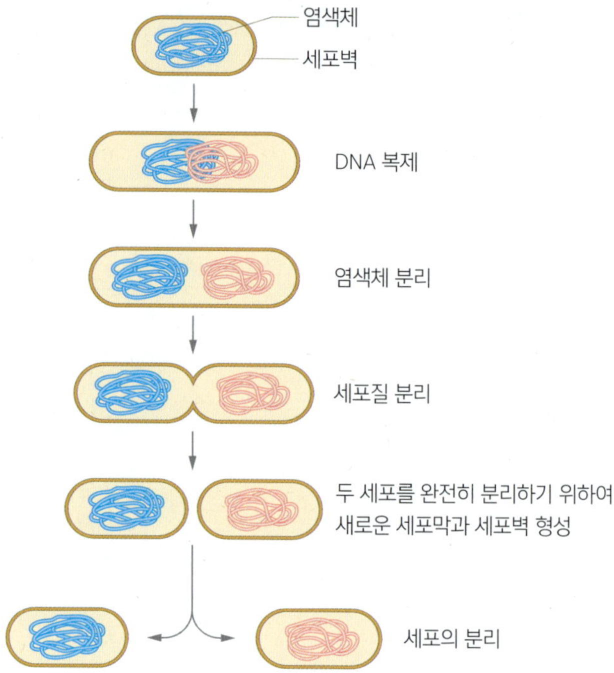

그림 3-2 세균의 분열에 의한 증식

2) 효모의 출아에 의한 증식

효모는 주로 출아법budding을 통해 증식하는 단세포 진핵 미생물이다. 출아는 모세포parent cell에서 작은 돌기bud가 형성된 후 점차 성장하여 독립적인 딸세포daughter cell로 분리되는 방식이다(그림 3-3). 이 과정은 일반적인 세균의 이분법과는 차이가 있으며, 진핵생물의 세포 분열 기전과 유사한 특징을 보인다.

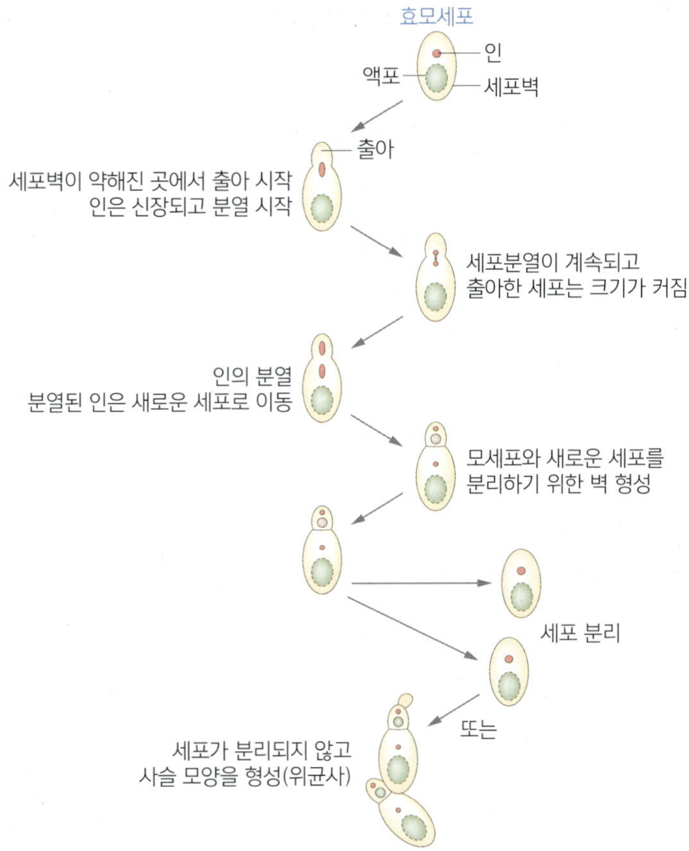

그림 3-3 효모의 출아에 의한 증식

3) 곰팡이의 균사에 의한 증식

곰팡이는 주로 균사hyphae의 생장을 통해 증식하는 진핵세포 미생물이다(그림 3-4). 곰팡이는 단세포 미생물인 효모와 달리 다세포 균사체mycelium를 형성하며, 균사는 분지branching와 신장extension을 통해 환경 내에서 세력을 확장한다. 곰팡이는 무성생식과 유성생식을 모두 할 수 있으며, 일반적으로 무성생식이 더 빈번하게 일어난다. 곰팡이는 균사의 신장과 분지를 통해 빠르게 성장하며, 환경에 적응하면서 증식한다. 곰팡이 균사 생장은 식품 발효, 의약품 생산, 생물학적 분해 등 다양한 분야에서 활용될 수 있지만, 식품 부패 및 곰팡이 독소 생성 등의 위험도 존재한다. 이러한 특성을 이해하고 균사 생장을 조절하는 것은 산업 및 생명과학 분야에서 매우 중요하다.

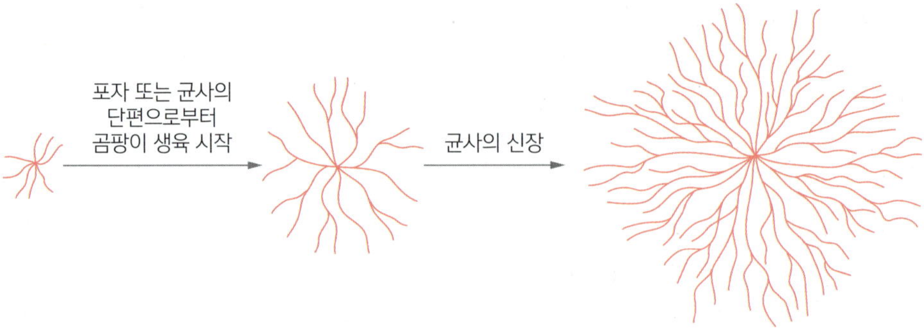

그림 3-4 곰팡이의 균사에 의한 증식

4. 미생물의 번식 방법

미생물은 무성생식과 유성생식의 다양한 방식을 통해 번식하며, 이는 각 미생물의 생존 전략과 환경 적응 능력에 중요한 영향을 미친다. 곰팡이와 효모는 포자 형성을 포함한 복합적인 번식 방법을 가지며, 세균은 단순하지만 효율적인 이분법과 내생포자 형성을 통해 번식한다. 또한 일부 세균은 접합을 통해 유성생식을 하여 유전적 다양성을 확보한다.

이 장에서는 곰팡이, 효모, 세균의 번식 방법을 다룬다.

1) 곰팡이

곰팡이는 다양한 환경에서 무성생식과 유성생식을 통해 번식한다.

(1) 무성생식

곰팡이의 무성생식은 다음과 같은 세 가지 방식으로 이루어진다.

- 출아법budding: 모세포의 일부가 돌출되어 새 개체가 형성되는 방법이다.
- 분열법division: 세포가 분열하여 두 개의 개체로 나뉘는 방법이다.
- 포자 형성sporulation: 특수 구조에서 포자를 형성하여 번식하는 방법이다.

(2) 유성생식

곰팡이의 유성생식은 세포 간 유전 물질 교환을 통해 이루어지며, 다양한 종류의 포자가 형성된다. 곰팡이의 유성생식에서 형성되는 포자의 종류는 다음과 같다.

- 난포자oospore: 암수 생식세포가 결합하여 형성되는 포자이다.
- 접합포자zygospore: 두 개의 균사가 접합하여 형성되는 포자이다.
- 자낭포자ascospore: 주로 자낭균류에서 관찰되며, 자낭 속에 형성되는 포자이다.
- 담자포자basidiospore: 담자균류에서 관찰되며 담자기에서 형성되는 포자이다.

2) 효모

효모는 단세포 미생물이지만, 곰팡이와 마찬가지로 무성생식과 유성생식을 통해 번식한다.

(1) 무성생식

효모는 무성적으로 출아 또는 분열을 통해 증식하며, 일부 종은 포자 형성을 통해 번식하기도 한다.

- 출아법
  - *Saccharomyces*속에서 주로 관찰된다.
  - 모세포의 일부가 돌출되어 자라난 후 떨어져 나가 새로운 개체가 된다.
- 분열법
  - *Schizosaccharomyces*속에서 관찰된다.
  - 세포가 두 개로 분열하면서 새로운 개체가 형성된다.
- 포자 형성
  - *Saccharomyces cerevisiae*와 같은 일부 효모에서 관찰된다.

(2) 유성생식

효모의 유성생식은 주로 자낭균류에서 관찰되며, 자낭포자를 형성한다.

- 자낭포자: 자낭 속에서 유성생식을 통해 형성되는 포자로, 효모의 유전적 다양

성을 높이는 역할을 한다.

3) 세균

세균은 주로 무성생식을 통해 증식하지만, 일부 종에서는 유성생식에 해당하는 유전 물질의 교환이 일어나기도 한다.

(1) 무성생식

세균의 무성생식은 주로 이분법과 내생포자 형성을 통해 이루어진다.

- 이분법
  - 세포가 둘로 나누어지면서 번식하는 방식으로, 환경이 좋을 때 빠르게 이루어진다.
  - 대부분의 세균이 이분법을 통해 번식한다.
- 내생포자endospore 형성
  - 환경이 악화되면 일부 세균은 생존을 위해 내생포자를 형성한다.
  - *Bacillus*속과 *Clostridium*속에서 관찰되며, 내생포자는 열과 건조, 화학물질에 매우 강한 저항성을 가진다.

(2) 유성생식

세균의 유성생식은 두 개의 세균 세포가 유전 물질을 교환하여 유전적 다양성을 증가시키는 과정을 말하며, 접합conjugation이라고도 한다. 이는 세균이 환경 변화에 적응할 수 있도록 돕는 중요한 메커니즘 중 하나이다. 이러한 유성생식 과정은 특정 세균에서 관찰되며, 일반적으로 다음과 같은 속genus에서 나타난다.

- *Chromatium*속: 광영양 세균으로, 주로 자색황세균에 속한다. 이들은 주로 광합성을 통해 에너지를 얻으며, 황화수소H_2S를 전자 공여체로 사용하여 황sulfur을 세포 내에 축적하는 특징이 있다.
  - 유성생식의 형태로 접합이 관찰되며, 유전 물질을 교환함으로써 새로운 유전적 특성을 갖춘 개체를 생성하게 된다.

- 유전적 다양성은 이들 세균이 빛의 세기, 황화수소 농도, 온도 변화와 같은 다양한 환경 요인에 적응하는 데 도움을 준다.

- *Azotobacter*속: 호기성 고정 질소 세균으로 잘 알려져 있다. 이들은 공기 중 질소N_2를 암모니아NH_3로 전환하는 질소 고정 능력을 가지고 있으며, 주로 토양에서 발견된다.
  - 유성생식을 통해 유전 물질을 교환함으로써 질소 고정 효율을 증가시키거나, 다른 환경적 스트레스 요인에 대한 내성 유전자를 획득할 수 있다.
  - 이러한 다양성은 토양 생태계에서의 생존과 식물과의 공생 관계를 더욱 효과적으로 유지하는 데 기여한다.
- *Spirillum*속: 나선형으로 구부러진 모양의 나선균으로, 주로 담수 환경에서 발견된다. 이들은 호기성 미생물이며, 일부 종은 병원성 특성을 지니기도 한다.
  - *Spirillum*속 세균의 접합 과정은 유전적 다양성을 증가시키며, 특히 항생제 내성 또는 새로운 대사 경로를 획득할 수 있게 한다.
  - 유성생식을 통해 이들은 환경 변화, 영양소 부족, 항생 물질의 존재 등 불리한 환경 조건에서도 생존력을 높인다.

5. 환경 요인이 미생물의 증식에 미치는 영향

미생물의 증식은 식품 자체의 성분과 관계된 내인성 인자와 식품이 저장되는 환경과 관련된 외인성 인자에 의해 조절된다. 미생물은 환경에 따라 증식 상태가 다르게 나타나며, 환경과 관련된 외인성 인자로는 온도, 수분, 산소, pH 등이 있다.

1) 온도

미생물은 온도 변화에 따라 저온성균psychrophiles, 중온성균mesophiles, 고온성균thermophiles으로 분류된다. 이들 미생물은 각각 특정한 온도 범위에서 최적의 생육을 보이며, 온도가 적절하지 않으면 성장 속도가 저하되거나 생장이 멈출 수 있다.

(1) 저온성균

저온성균은 0~20℃ 범위에서 성장하며, 최적 생육 온도는 약 15℃ 이하이다. 이들은 극지방, 심해, 냉장 보관된 식품 등 저온 환경에서도 활발하게 증식할 수 있으며, 일부 저온성균은 식품 부패의 원인이 되기도 한다.

(2) 중온성균

중온성균은 20~45℃ 범위에서 성장하며, 최적 생육 온도는 37℃ 전후로, 이는 사람의 체온과 유사하다. 대부분의 식중독균과 병원성 세균이 여기에 속하며, 일반적인 환경에서 빠르게 증식할 수 있다. 예를 들어, 살모넬라*Salmonella* spp., 대장균*Escherichia coli*, 황색포도상구균*Staphylococcus aureus*과 같은 세균은 모두 중온성균에 해당하며, 특히 30~40℃ 환경에서 빠르게 증식하여 식중독을 유발할 가능성이 높다.

(3) 고온성균

고온성균은 45~80℃ 이상의 고온 환경에서도 생장할 수 있으며, 최적 생육 온도는 55~65℃이다. 이들은 주로 온천, 열수구, 고온 공정 환경에서 발견되며, 일부는 산업적으로 효소 생산 등에 이용된다.

2) 수분

식품 내에는 자유수와 결합수가 존재하지만 미생물이 이용할 수 있는 물은 자유수이며, 세균의 최적 수분 활성도Aw는 0.9 이상, 효모는 0.85~0.88 이상, 곰팡이는 0.8 이상이다. 식품의 수분 함량을 13% 이하로 건조하여 미생물의 생육을 억제하는데 쌀의 수분 함량도 13%로 하고 있다.

3) 산소

미생물은 산소의 요구성에 따라 생육 방식이 다르게 나타나며, 호기성균aerobic bacteria과 미호기성균microaerophiles, 통성혐기성균facultative anaerobes, 편성혐기성균anaerobic bacteria으로 분류할 수 있다(표 3-2).

(1) 호기성균

- 특징: 유리 산소O_2가 존재해야 생육이 가능하다.
- 종류: 곰팡이, 산막효모, 대부분의 *Bacillus*속

(2) 미호기성균

- 특징: 산소 농도가 약 5% 내외일 때 가장 잘 성장하며, 대기 중 산소 농도(약 21%)에서는 생육이 어려운 편이다.
- 종류: *Campylobacter*속(식중독 원인균)

(3) 통성혐기성균

- 특징: 산소가 존재할 경우 빠르게 증식하지만, 산소가 없어도 생육이 가능하다.
- 종류: 장내세균*Escherichia coli, Salmonella* spp., 일부 병원성 균

(4) 편성혐기성균

- 특징: 산소가 없는 환경에서만 생육이 가능하며, 산소가 존재하면 생존이 어렵다.
- 종류: *Clostridium*속(*C. botulinum*, *C. difficile* 등)

이러한 분류는 식품 보존, 발효, 감염 질환 연구 등에서 중요한 개념으로 활용된다.

표 3-2 산소 요구성에 따른 미생물의 분류

구분	대표적인 미생물	산소 유무
호기성균	*Bacillus*속, *Pseudoomonas*속, *Micrococcus*속, 대부분의 곰팡이, 산막 효모	산소의 존재하에서만 증식
미호기성균	*Streptococcus*속, *Camphylobacter*속, 젖산균	유리산소의 소량 존재하에서만 발육
통성혐기성균	대부분의 효모, 대부분의 세균	산소의 존재의 유무에 관계없이 증식
편성혐기성균	*Clostridium*속	산소가 존재하지 않는 조건에서만 증식

4) pH(수소이온 농도)

미생물의 생육은 환경의 pH에 큰 영향을 받으며, 각 미생물 그룹은 특정한 pH 범위에서 최적의 생장을 보인다(그림 3-5). 세균은 일반적으로 pH 6~8 범위에서 가장 활발하게 증식하며, 대부분 중성(pH 7) 환경에서 최적 생장을 보인다. 그러나 일부 세균은 강산성이나 강알칼리성 환경에서도 생존할 수 있다. 예를 들어, 강산성 환경에서 생육하는 세균은 pH 3 이하에서도 증식할 수 있으며, 강알칼리성 환경에서 생육하는 세균은 pH 9~11 범위에서도 생장이 가능하다.

효모는 세균보다 약산성 환경을 선호하며, 일반적으로 pH 5~6에서 최적 성장한다. 일부 내산성 효모는 pH 3 이하에서도 생존할 수 있으며, 특히 과일과 같은 산성이 강한 환경에서도 활발하게 증식할 수 있다. 효모의 생육 최적 pH는 대사 활동과 효소 작용에도 영향을 미치며, 산업적으로 효모를 이용한 발효 과정에서도 pH 조절이 중요한 역할을 한다.

곰팡이는 세균이나 효모보다 더 산성 환경에서 잘 자라며, 일반적으로 pH 3~4에서 최적 생장을 보인다. 곰팡이는 다양한 환경에서 생존할 수 있으며, 일부 종은 pH 2 이하의 강산성 조건에서도 생장이 가능하다. 또한, 일부 내알칼리성 곰팡이는 pH 9 이상의 환경에서도 증식할 수 있다. 곰팡이의 pH 적응성은 종species마다 다르며, 환경에 따라 성장률과 효소 활성에 영향을 미친다.

곰팡이는 자연계에서 유기물을 분해하는 중요한 역할을 하며, 특히 식품 저장 시 곰팡이의 생육을 억제하기 위해 pH 조절이 활용된다.

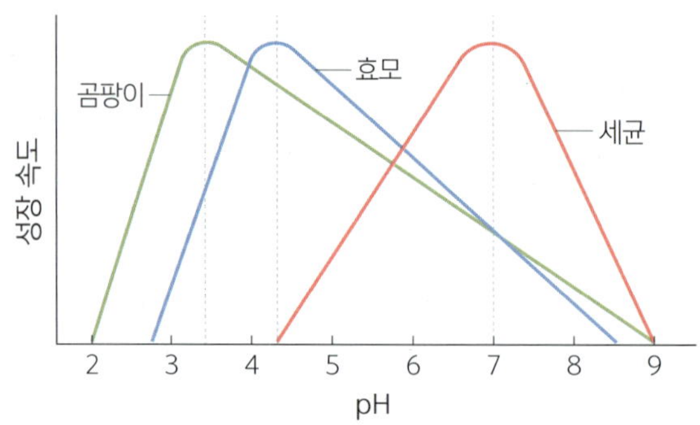

그림 3-5 미생물의 생육과 최적 pH

따라서 미생물의 생육에 영향을 미치는 주요 요인 중 하나로, 성장뿐만 아니라 생리적 특성과 대사 작용에도 중요한 영향을 미친다. 이를 고려하여 식품, 제약, 발효 산업 등 다양한 분야에서 미생물의 생육 환경을 최적화하는 것이 중요하다.

FOOD MICROBIOLOGY

FOOD MICROBIOLOGY

chapter

04

곰팡이

1. 식품에서 곰팡이의 역할
2. 곰팡이의 분류학적 위치
3. 곰팡이의 형태적 특징
4. 곰팡이의 생활사
5. 식품에 관계된 주요 곰팡이류

chapter

04

1. 식품에서 곰팡이의 역할

우리 주변에는 다양한 종류의 곰팡이 균주가 서식하고 있고, 무수히 많은 곰팡이 포자들이 공기 중에 떠다니고 있다. 이 곰팡이 포자들이 무작위적으로 식품에 증식하여 일부 곰팡이들은 발효에 관여하기도 하고, 어떤 곰팡이는 식품의 품질을 저하시키는 부패에 관여하기도 한다. 전통 발효식품의 품질이 일정하지 않은 이유는 발효식품에 관여하는 미생물, 즉 곰팡이, 세균, 효모가 무작위적으로 관여하여 그 종류를 항상 일정하게 유지시키기가 어렵기 때문이다.

전통간장(국간장)과 된장 제조 시 메주의 발효를 주도하는 미생물은 아스퍼질러스 오리제*Aspergillus oryzae*, 아스퍼질러스 소제*Aspergillus sojae*외 다양한 곰팡이 균주들이다. 그 외에 *Pediococcus sojae*와 같은 세균과 *Zygosaccharomyces soya*, *Zygosaccharomyces major*와 같은 효모들이 메주에 번식하여 간장을 발효시킨다. 이렇게 다양한 곰팡이와 세균, 효모의 발효작용으로 깊은 맛을 가진 간장과 된장이 만들어진다. 전통발효방식의 간장, 된장의 가장 큰 단점은 매번 맛을 일정하게 만들기 어렵고, 발효시간이 오래 걸린다는 것이다. 이를 해결하기 위해 현대식 양조간장과 된장은 발효에 적합한 곰팡이 균주인 아스퍼질러스 오리제*Aspergillus oryzae*를 소맥분을 섞은 삶은 콩에 접종하여 제조한 종국인 코지koji를 발효미생물로 사용한다. 코지를 사용할 경우 간장, 된장의 발효기간은 전통발효간장, 된장보다 짧아지며, 무엇보다 단일 곰팡이 균주를 사용함으로써 간장과 된장의 맛과 품질을 일정하게 유지할 수 있다는 장점이 있다.

우리나라 대표 발효주인 탁주 발효 시에도 곰팡이는 중요한 역할을 한다. 탁주를 발효시키는 미생물원으로는 누룩을 사용한다. 누룩은 탁주발효에 관여하는 효소를 생산하는 자연 곰팡이를 번식시킨 것이다. 누룩에 번식하는 미생물로는 리조푸스*Rhizopus*속, 아스퍼질러스 우사미*Aspergillus usamii* 등 곰팡이와 여러 종류의 효모, 세균류 등이 포함되며, 이 누룩을 빻아 고두밥과 섞으면 탁주 발효가 시작된다. 누룩곰팡이의 전분질 분해효소는 쌀 전분을 당화하여 포도당으로 만들고, 그 후 효모가 알코올 발효를 진행하여 탁주가 완성된다.

곰팡이에 의한 식품의 부패는 대부분의 식품에서 광범위하게 일어난다. 다만, 식품 중 수분의 양에 따라 밥이나 떡, 과일과 채소의 내부, 육류 등 수분함량이 비교적 높은 식품에서는 일반적으로 세균에 의한 부패가 많고, 건조한 곡류나 두류, 채소와 과일의 겉면에는 주로 곰팡이류에 의한 부패가 일어난다. 그 예로 사과의 푸른 곰팡이병에 의한 부패는 페니실리움*Penicillium*속, 푸사리움*Fusarium*속 곰팡이에 의해 발생한다.

2. 곰팡이의 분류학적 위치

곰팡이는 분류학적으로 고등미생물에 해당한다. 고등미생물 내에는 균류, 지의류, 원생동물, 일반조류가 포함되어 있다(그림 4-1). 균류 내에 포함된 진균류 중 효모와 버섯을 제외한 균류를 일반적으로 곰팡이라고 부른다.

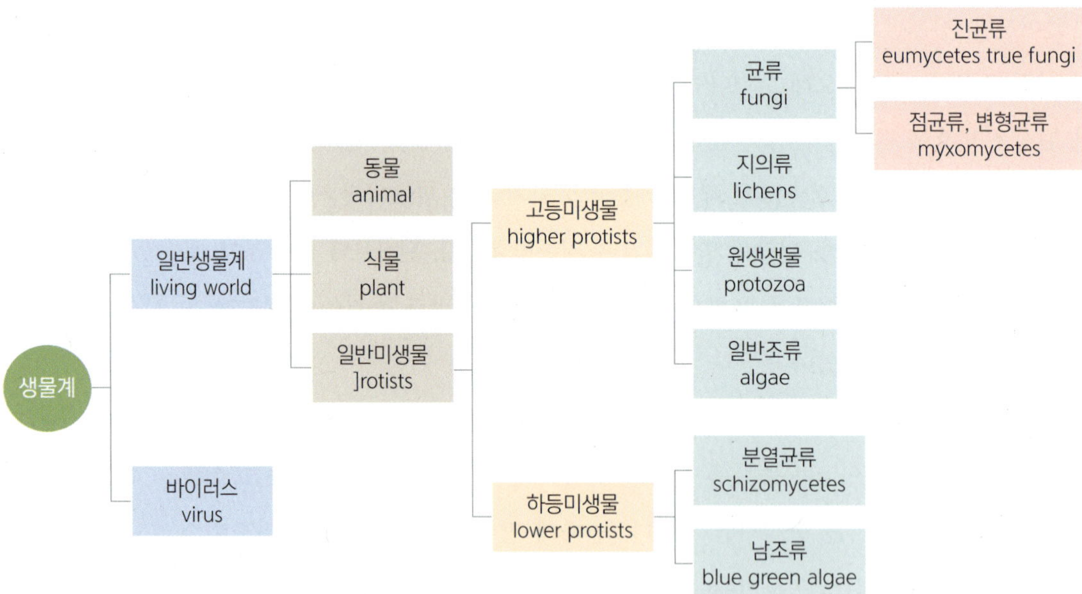

그림 4-1 곰팡이의 분류학적 위치
출처: 허윤행 외 5인, 식품미생물학, 2013

3. 곰팡이의 형태적 특징

곰팡이를 구성하는 세포는 핵막를 가지는 진핵세포이다. 핵이 핵막으로 둘러싸여 있고, 골지체, 미토콘드리아, 소포체 등의 세포소기관이 분포되어 있다. 곰팡이는 균사로 성장하여 집락을 이루어 육안으로 확인이 가능하다는 특징을 가지고 있다.

일반 세균과 구분되는 곰팡이의 형태학적 특징은 균사hyphae와 포자spore이다. 곰팡이는 균사가 복잡하게 얽혀있는 균사체mycelium를 형성하여 사상균filamentous fungi이라고도 한다. 또한, 곰팡이는 가루 모양의 포자로 증식을 한다. 포자 형성기관인 자실체fruiting body는 균사의 끝에 형성되며, 그 모양은 곰팡이의 종류에 따라 다

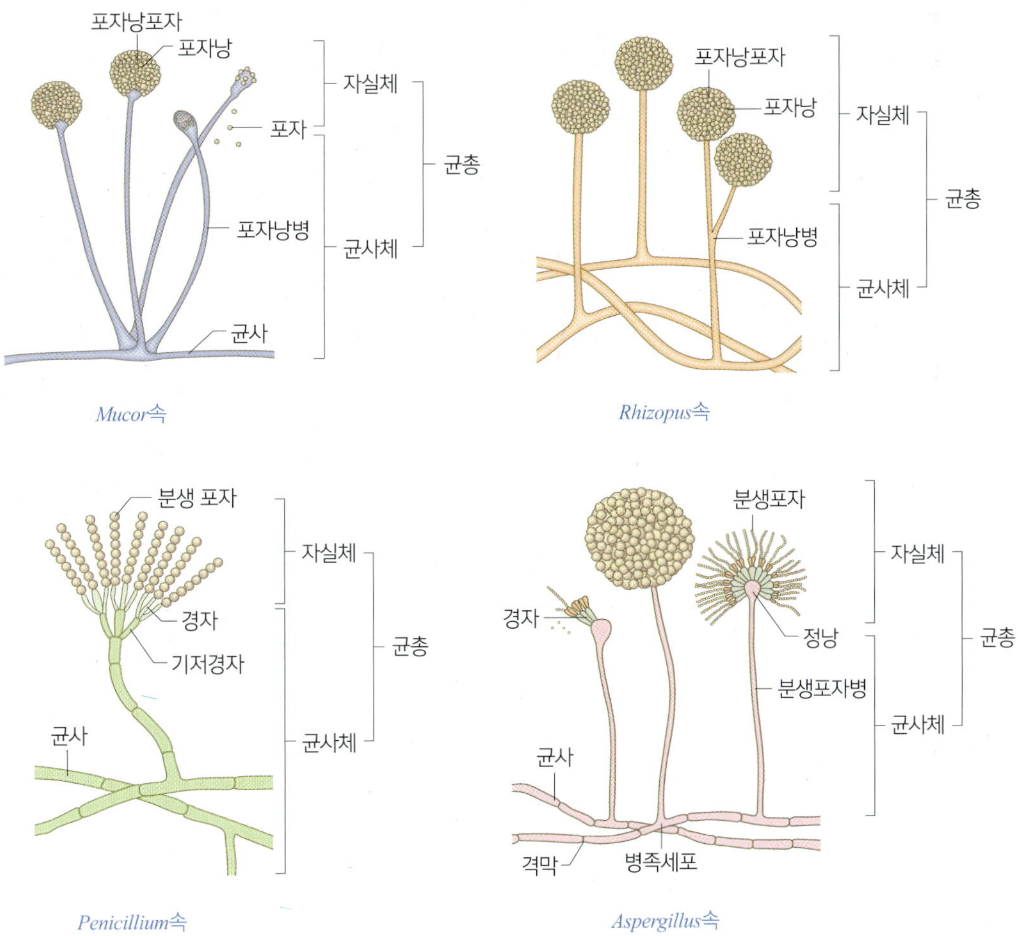

그림 4-2 곰팡이의 형태적 특징

양하다. 자실체들과 털실처럼 복잡하게 얽힌 균사체를 포함한 곰팡이 전체를 균총colony, mycerial mat이라 한다.

곰팡이는 스스로 에너지를 합성하지 못하여 영양분을 공급받을 수 있는 곳에서 생육하는데 이를 기질substrate이라고 하며, 균사는 기질에 곰팡이를 지지하여 부착하고 영양분을 섭취하며 성장(발육)시키는 기능을 가지고 있다. 기중균사submerged hyphae는 영양분인 기질 속으로 자라 곰팡이 균체를 부착하고 영양성분을 흡수하는 균사를 말하며, 기질 표면에서 복잡하게 자라면서 균사 끝에 자실체를 형성하여 증식하는 기능하는 균사를 영양균사vegetative hyphae라고 한다.

또한 곰팡이의 분류에서 중요한 형태적 특징은 균사에 형성된 격벽(격막)septum이다. 균사에 격벽이 형성되어 마디가 생기는 곰팡이 균주가 있고 격벽이 없는 균주가 있다(그림 4-2). 균사에 격벽이 없는 곰팡이를 조상균류Phycomycetes라고 한다. 조상균류는 포자의 형태에 따라 호상균류Chytridiomycetes, 난균류Oomycetes, 접합균류Zygomycetes로 분류된다. 또한 격벽이 있는 곰팡이인 순정균류에는 자낭균류Ascomycetes, 담자균류Basidiomycetes, 불완전균류Fungi imperfecti가 있다(그림 4-3). 자낭균류와 담자균류는 자실체의 모양에 따라 나뉘며, 유성생식과 무성생식이 구별되지 않거나 확인되지 않는 균류를 불완전균류라 한다. 격벽의 형태도 곰팡이 균주에 따라 완전히 막혀져 세포질이 완전히 분리된 형태도 있고, 격벽에 작은 구멍이 있어 세포질이 서로 연결된 격벽도 존재한다.

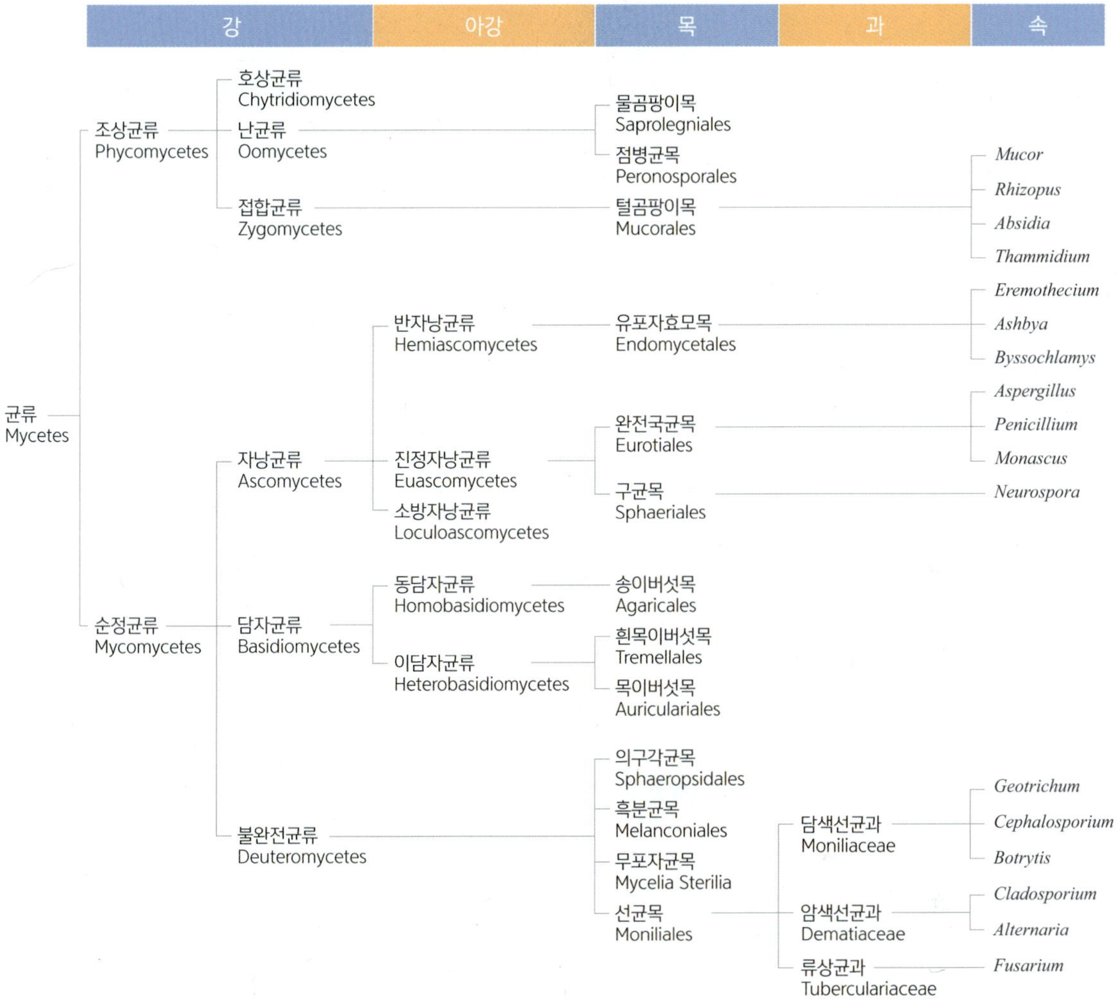

그림 4-3 진균류의 분류

4. 곰팡이의 생활사

1) 유성세대와 무성세대

곰팡이는 생육 조건과 생존 전략에 따라 무성세대와 유성세대로 번식할 수 있다 (그림 4-4).

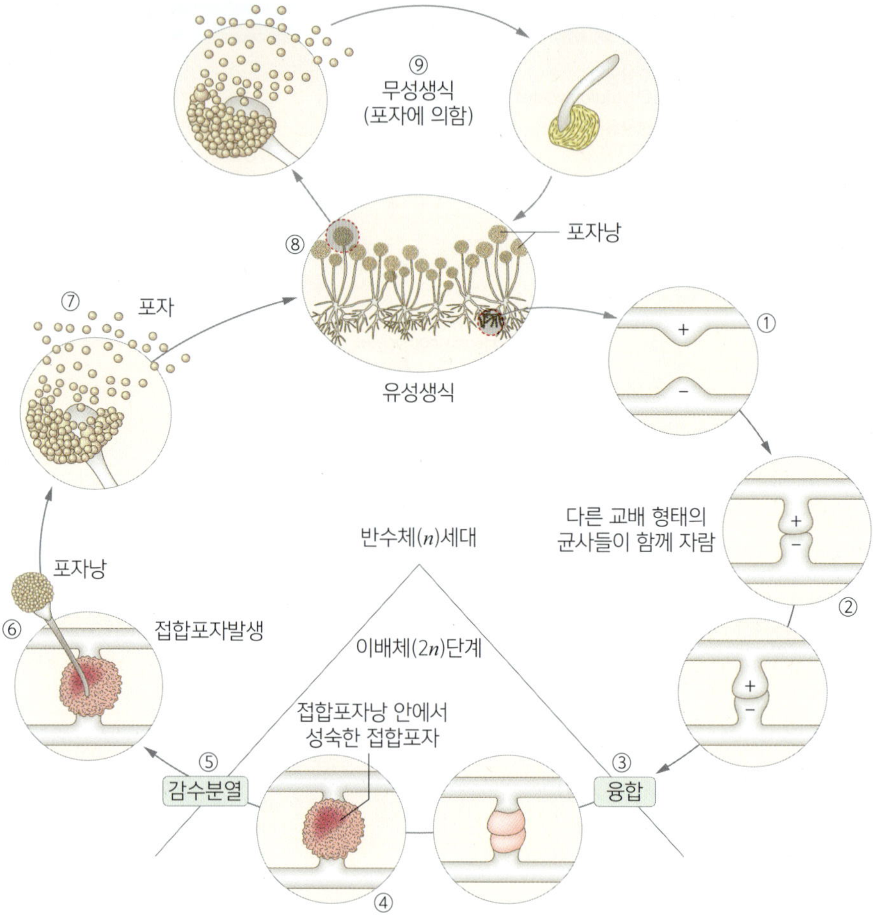

그림 4-4 곰팡이의 무성세대와 유성세대

(1) 무성세대

무성세대asexual generation는 유전적 교환 없이 증식하는 과정이다. 곰팡이는 무성세대를 통해 빠르게 번식할 수 있으며, 주로 환경이 안정적이고 자원이 풍부할 때 이루어진다. 곰팡이는 무성생식으로 포자를 생성하는데, 이때 만들어지는 포자는 부모와 동일한 유전정보를 지니고 공기 중이나 물을 통해 넓은 범위로 확산되며 적절한 환경조건에서 발아하여 새로운 곰팡이로 생장한다.

곰팡이의 무성포자에는 분생포자conidia와 포자낭포자sporangiospore 등이 있다. 분생포자는 분생자병conidiophore에서 형성되며, 포자낭포자는 포자낭sporangium에서 생성된다. 이 포자들로 곰팡이는 신속하게 주위 환경에 증식한다. 단시간 내에 많은 포자를 형성하여 퍼뜨릴 수 있기 때문에, 무성세대는 생육이 유리한 환경에서 빠르게 개체 수를 늘릴 수 있다는 장점이 있다. 하지만 자손이 부모와 유전적으로 동일하기 때문에, 유전적 다양성이 부족해 환경 변화에 적응하는 데 한계가 있다.

(2) 유성세대

곰팡이의 유성세대sexual generation에서는 두 개체가 세포질을 융합하는 플라스모가미plasmogamy를 거쳐 두 개의 핵이 결합하는 핵 융합karyogamy이 일어나 접합자zygote가 형성된다. 접합자는 감수분열을 거쳐 유전적으로 다양한 자손을 생성한다. 유성포자는 무성포자와 달리 유전적 다양성을 지니며, 이는 곰팡이가 다양한 환경에 더 잘 적응할 수 있게 한다. 유성포자의 대표적인 예는 자낭포자ascospore와 담자포자basidiospore가 있다.

곰팡이는 생육 환경에 따라 무성세대와 유성세대로 달리 증식한다. 생육 환경이 곰팡이의 증식에 적절할 때는 무성생식을 통해 빠르게 번식하다가, 생육 환경이 불리해지면 유성생식으로 전환하여 유전적 다양성을 높여 다양한 환경에서 생존하고 증식 가능하게 한다.

2) 무성포자와 유성포자

(1) 무성포자

세포핵의 융합없이 단지 세포분열에 의해 무성적으로 형성된 포자를 무성포자asexual spore라고 한다. 우리가 흔히 접하는 대부분의 곰팡이는 무성포자에 의해 증식한 것이다. 육안으로 관찰되는 곰팡이의 색은 대부분 포자의 색에 기인한다. 포자의 크기는 약 5~10 μm 정도이며, 건조 조건에도 잘 견디며 생육하기 좋은 온도와 습도에서 발아하기 시작하여 새로운 균사로 자라 번식한다.

무성포자는 포자가 형성되는 위치에 따라 균사외부에 형성되는 분생포자, 출아포자, 분절포자, 후막포자를 외생포자exospore라하고, 균사 내부에 형성되는 포자낭포자, 유주자zoospore 등을 내생포자endospore, 균사가 변형되어 발생하는 무성포자

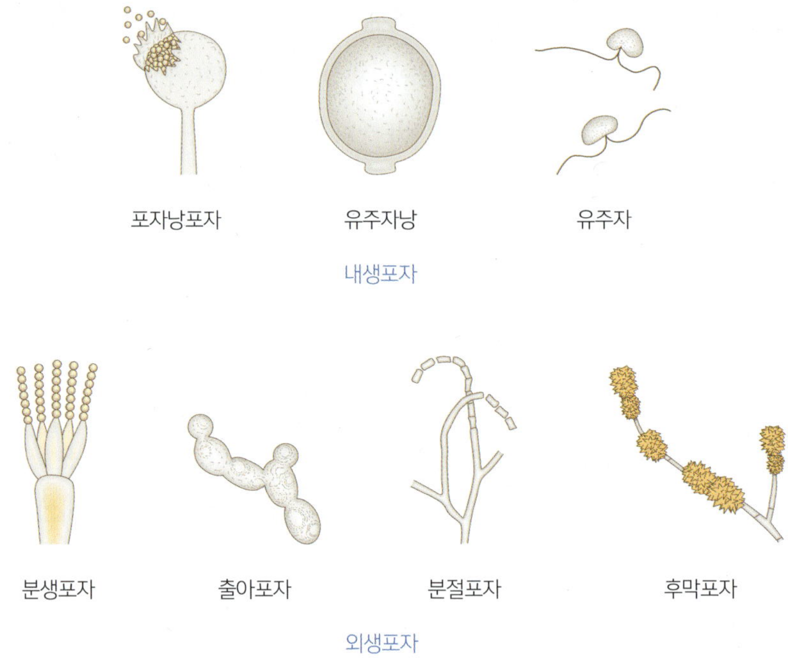

그림 4-5 무성포자

를 내구체형 포자라고 한다(그림 4-5).

① 내생포자

- 포자낭포자
  - 조상균류(*Mucor*속, *Rhizopus*속)
  - 균사가 성장한 포자낭병이 부풀어 포자낭을 만들고 여기서 생성된 포자를 포자낭포자라고 한다. 포자낭이 성숙되어 파열하여 포자가 배출되며 균사로 성장한다.
- 유주자
  - 편모균류
  - 편모를 이용하여 운동성을 가지는 포자낭포자를 유주자라고 한다. 유주자는 유주자낭 속에 형성되어 물 속에서 이동이 가능하여 운동포자라고도 한다.

② 외생포자

- 분생포자(분생자)
  - 자낭균류(*Aspergillus*속, *Penicillium*속)
  - 균사에서 형성된 분생포자병이 정낭으로 변환되고 여기에 형성된 경자의 끝이 갈라져 작은 구슬 모양의 많은 분생아포가 형성된다. 넓은 의미의 분생포자에는 후막포자, 분절포자, 출아포자를 포함한다.
- 출아포자(발아포자, 분아포자, 야생포자)
  - 효모, *Cladosporium*속(불완전균류)
  - 출아에 의해 균사 둘레에 발생하는 포자이다.
- 분절포자
  - *Geotrichum*속, *Geotrichum candidum*(유제품), *Moniliella*속(불완전균류)
  - 균사나 포자낭병 끝에 일정한 간격의 격막으로 분절되어 형성된 포자를 말하고, 이것이 증식될 때 분열자라고 한다.
- 후막포자
  - *Scopulariopsis*속, 일부 접합균류
  - 생존에 불리한 환경에서도 저항성을 가지는 휴면성 세포로, 균사의 끝이나 중간에 원형질이 모여 두꺼운 막을 형성한 포자이다. 특히, 균사 중간에서 형성된 후막포자는 아자젬마arthrogemma라고 한다.

(2) 유성포자

곰팡이는 유성생식을 통해 서로 다른 두 개의 배우자(gamete, +, −)의 세포핵이 융합하여 하나의 핵을 형성한 후, 자체적으로 번식이 가능한 유성포자sexual spore를 생성한다. 한 개의 균사에서 유성생식이 일어나 자가수정이 일어나는 것을 자웅동주성이라고 하고, 이종의 균사에서 유성생식이 일어나는 것을 자웅이주성이라고 한다. 유성포자에는 난포자oospore, 접합포자zygospore, 자낭포자ascospore, 담자포자basidiospore가 있다(그림 4-6).

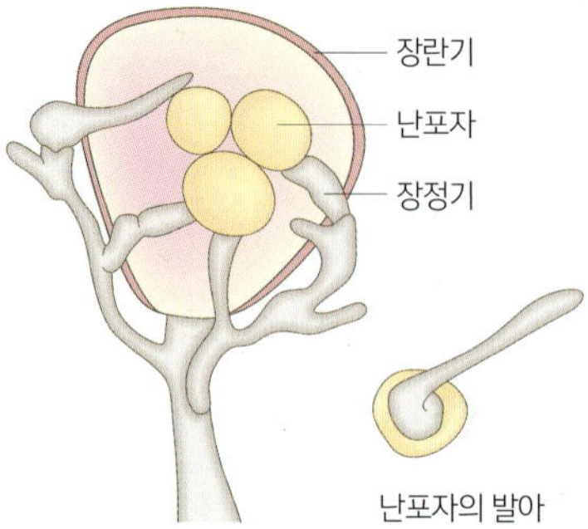

난포자

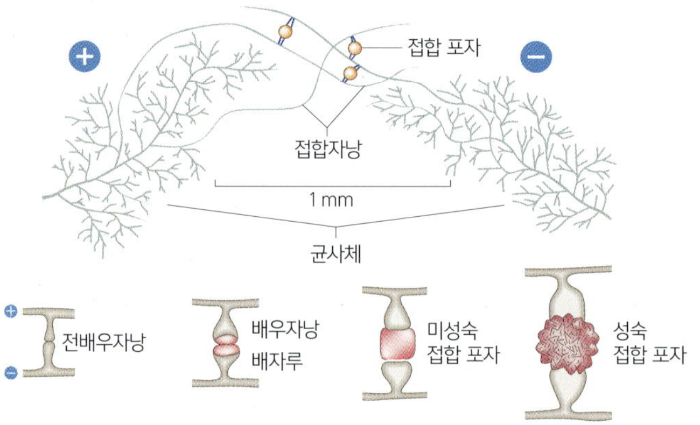

접합포자

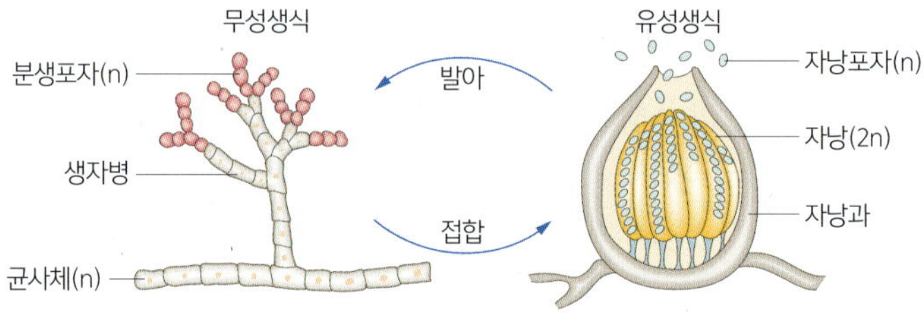

자낭포자

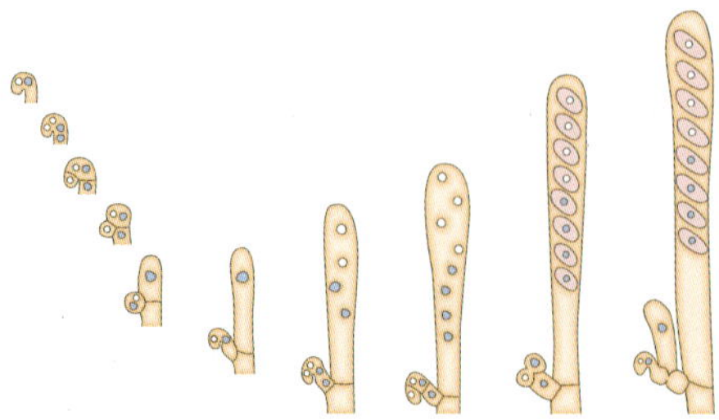

담자포자

그림 4-6 유성포자

① 난포자

조상균문에 속하는 난균류는 장란기라는 이종의 세포와 융합하여 유성포자를 형성하는데 이를 난포자라고 한다.

② 접합포자

접합포자는 조상균문의 접합균류인 *Mucor*속, *Rhizopus*속, *Absidia*속에서 볼 수 있으며, 자웅이주성으로 두 개의 다른 균사가 돌출 신장하여 자성균사와 웅성균사를 만들고 전배우자를 형성한다. 전배우자가 성장하면서 여러 층의 막을 가진 배우자낭을 만든다. 핵이 생성된 자웅의 배우자낭끼리 접촉하여 막이 깨어져 핵이 융합하고 접합(포)자를 만든다.

③ 자낭포자

균사에 형성된 자낭에서 형성된 유성포자를 자낭포자라고 하며, 이러한 번식 특성을 가진 곰팡이균류를 자낭균류라고 한다. 자낭포자는 *Pyronema*속, *Aspergillus*속 및 효모의 자웅이주와 자웅동주에서 유성적으로 자낭을 형성하고 보통 8개의 포자를 만든다. 자낭균류는 성숙된 자낭이 파열하여 비산된 포자에 의해 증식하게 된다. 자낭의 형태는 막으로 완전히 막힌 공 모양의 폐자기cleistothecium, 술병과 같이 끝이 열려 있는 플라스크 모양의 피자기perithecium, 접시처럼 내부가 완전히 열려 있는 나자기apothecium가 있다.

④ 담자포자

버섯류가 생성하는 유성포자로, 담자균류는 말단에 다수의 담자기를 형성하고, 그 선단에 경자sterigmata를 만든다. 각 경자 위에는 한 개의 외생 담자포자가 형성되며, 일반적으로 담자의 말단에는 4개의 담자포자가 생성된다.

5. 식품에 관계된 주요 곰팡이류

1) 조상균류

(1) 조상균류의 형태적 특징과 생활사

① 조상균류의 형태적 특징

조상균류의 형태학적 특징은 균사에 격막이 없다는 것이다. 조상균류의 번식은 유성생식으로 접합포자를 형성하고, 무성생식으로는 포자낭포자인 내생포자를 생성하여 증식하지만, 일반적으로 내생포자에 의한 증식이 더 흔하다.

② 조상균류의 생활사

- 무성적 생활사: 조상균류는 자웅균사의 핵융합 없이 무성적으로 증식이 가능하다. 균사 말단에 형성된 포자낭포자가 발아하여 발아관을 내고 발아관이 성장된 포자낭병에 포자낭이 형성되어 새로운 포자낭포자를 만든다. 이 포자낭이 성숙되면 파열되어 새로운 곰팡이 균사로 성장하는 생활사를 반복하게 된다(그림 4-7).

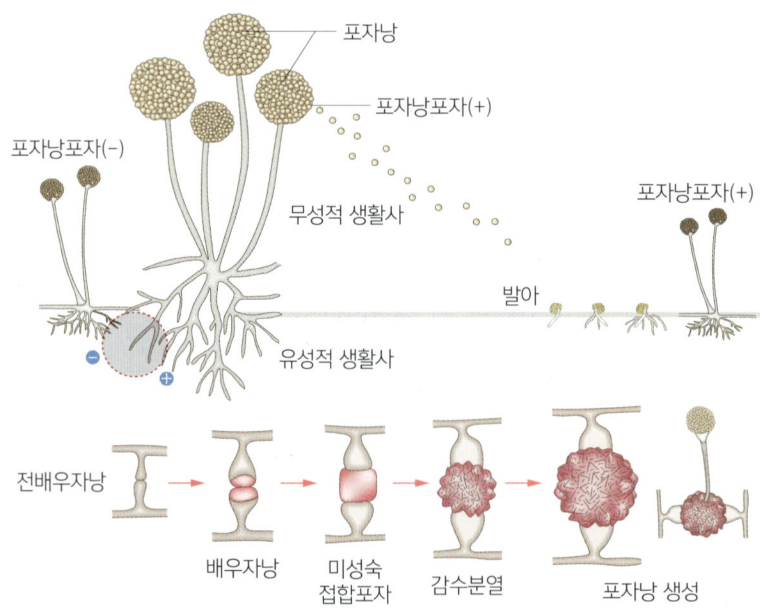

그림 4-7 *Rhizopus*속(조상균류)의 생활사

- 유성적 생활사: 조상균류는 자웅균사의 이종의 핵융합으로 유성적으로도 증식이 가능하다(그림 4-7). 이종의 균사가 접합하여 전배우자를 만들고, 배우자낭, 접합자, 접합포자를 형성하는데, 이 접합포자가 발아하여 포자낭 속에 포자낭포자가 생성된다. 이 포자낭이 성숙하여 파열되면서 퍼진 포자낭포자에 의해 새로운 균사로 증식한다.

(2) 주요 조상균류

조상균류 중 식품에 관계된 곰팡이균주는 거의 접합균류로서 Mucorales(털곰팡이)목에 속하며 유기산, 주류, 유제품의 발효에 관여하는 균이 많고, 일부는 병원균이나 부패 원인균으로 작용한다. 주요 조상균류로는 *Mucor*(털곰팡이)속, *Rhizopus*(거미줄곰팡이)속, *Absidia*(활털곰팡이)속이 있다.

① *Mucor*(털곰팡이)속

특징

- 토양이나 퇴비 등의 부패에 관여하며, 발효공업에서 중요한 역할을 한다. 격막이 없는 기균사에서 자란 포자낭병의 형태에 따라 *Monomucor*, *Racemomucor*, *Cymomucor*가 있다(그림 4-8).

주요 균

- *Mucor rouxii*: 균총은 회황색 또는 담갈색으로 전분당화력이 강하여, amylo법에 의한 알코올발효에 이용되며 옥살산을 생산한다.
- *Mucor mucedo*: 동식물성 식품의 부패와 토양 등의 다양한 곳에 존재하고, 단백질이나 유지를 분해하여 낙농산업의 유해균으로 작용한다.
- *Mucor heimalis*: 펙틴 분해 효소를 비롯한 다양한 효소를 생산할 수 있어, 식품의 구조 개질이나 발효에 응용된다.
- *Mucor racemosus*: 식물성 식품의 부패에 관여하고 맥아, 사료 등에서 발견된다. 당으로부터 알코올과 글리세롤을 생산하며, 주로 과일부패균으로 작용한다. 간장 코지 제조 시 흑변 부패에 관여하기도 하며, 비타민 B_1과 B_2 합성력이 강하다.

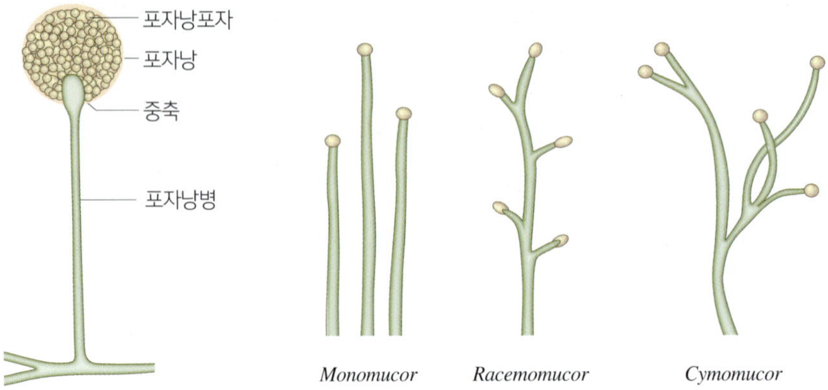

그림 4-8 *Mucor*속의 형태

- *Mucor pusillus*: 고초 등 식물에 주로 서식하며, 치즈 제조 공정에서 응유 효소를 생산하는 균주로 활용된다.

② *Rhizopus*(거미줄곰팡이)속

특징

- *Mucor*속보다 번식력이 왕성하며, 곡류와 과일의 부패에 관여한다. 전분당화력과 유기산 생성능이 강하여 발효공업에 이용된다.

주요 균

- *Rhizopus nigricans*: *Rhizopus*속의 대표적인 균으로 공기 중에 많이 분포한다. 전분당화력이 강하나 알코올 발효력은 약하다. 젤라틴을 용해시키며 옥살산, 푸마르산을 생성하는 능력이 있다. 고구마 연부의 원인균이며 과일류, 곡류, 빵의 부패에 관여한다.
- *Rhizopus delemar*: 중국 소홍주의 발효종에서 분리한 균으로 전분당화력이 강하여 포도당 제조공정에서 당화효소제조에 사용한다. 또한, amylo법에 의한 알코올발효에 이용된다.
- *Rhizopus oryzae*: 자바Java의 라지Ragi에서 분리되었으며 전분당화력이 강하고 amylo법에 의한 알코올발효에 이용된다. 당액을 기질로 알코올, 푸마르산, 젖산을 생산한다. 인도네시아의 아락주, 템페Tempeh 등의 발효에 사용된다.

- *Rhizopus javanicus*: 자바의 라기에서 분리된 균으로, 전분당화력이 강하며, Amylo법의 중요한 알코올 발효균으로 활용된다.
- *Rhizopus japonicus*: 일본의 코지koji에서 분리된 균으로, 전분당화력이 강하여 amylo법에 이용된다. 또한 라피노스raffinose를 발효하며, 펙틴분해력이 강하다. 맥아 대용으로 *Monomucor*, *Racemomucor*, *Cymomucor* 등의 균주를 사용한다.
- *Rhizopus tonkinensis*: Tonkin 누룩Tonkin koji에서 분리된 균으로, 라피노스는 발효하지 못하지만, 포도당으로부터 젖산과 푸마르산을 발효 생산한다.

③ *Absidia*(활털곰팡이)속

특징

- 이 균주는 토양에 널리 분포하며, 고량주 제조에 사용되는 곡자에서 분리되었다. 또한 통조림 부패의 원인균이자 일부 동물에게는 병원균으로 작용할 수 있다.

주요 균

- *Absidia lichtheimi*: 중국 소홍주의 곡자에서 분리되었다.

2) 자낭균류

(1) 자낭균류의 형태적 특징과 생활사

① 자낭균류의 형태적 특징

균사에 격벽이 있으며, 자낭포자를 형성하여 유성적으로 증식하나, 일반적으로는 무성적으로 균사에 분생자병을 형성하고 외생포자인 분생자 또는 분생포자로 증식한다. *Aspergillus*속과 *Penicillium*속은 모두 자낭균류에 속한다(그림 4-9). 하지만 이 두 곰팡이들은 불완전균류로 분류되기도 한다. 불완전균류는 유성생식 단계가 관찰되지 않는 곰팡이의 분류로, 이 곰팡이들이 유성생식을 할 때 자낭을 형성하는 것이 나중에 밝혀졌다. 식품미생물로 중요한 자낭균류로는 *Aspergillus*(누룩곰팡이)속, *Penicillium*(푸른곰팡이)속, *Monascus*(홍국곰팡이)속, *Neurospora*(빨강곰팡이)속 등이다.

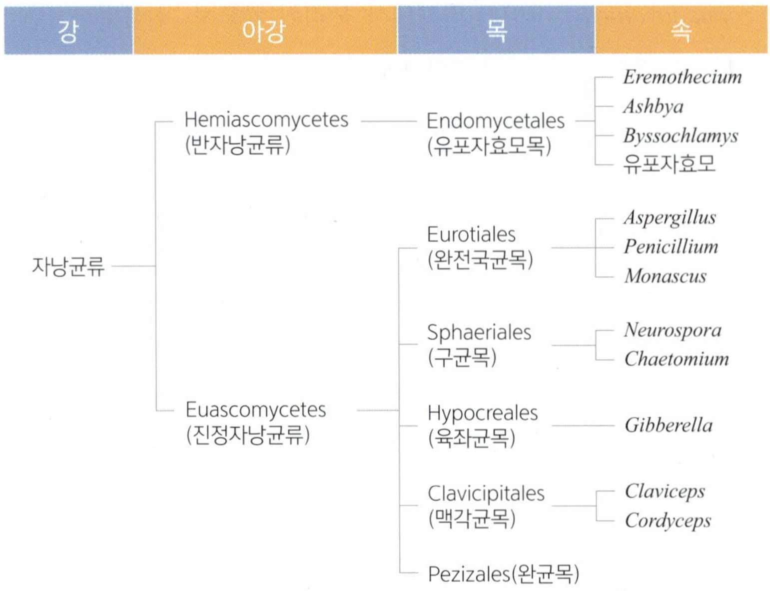

그림 4-9 자낭균의 분류

② 자낭균류의 생활사

자낭균류는 무성생식과 유성생식을 통해 증식할 수 있다(그림 4-10). 분생포자가 발아하여 균사로 성장하고, 다시 분생포자가 있는 자실체를 생성하는 생활사는 무

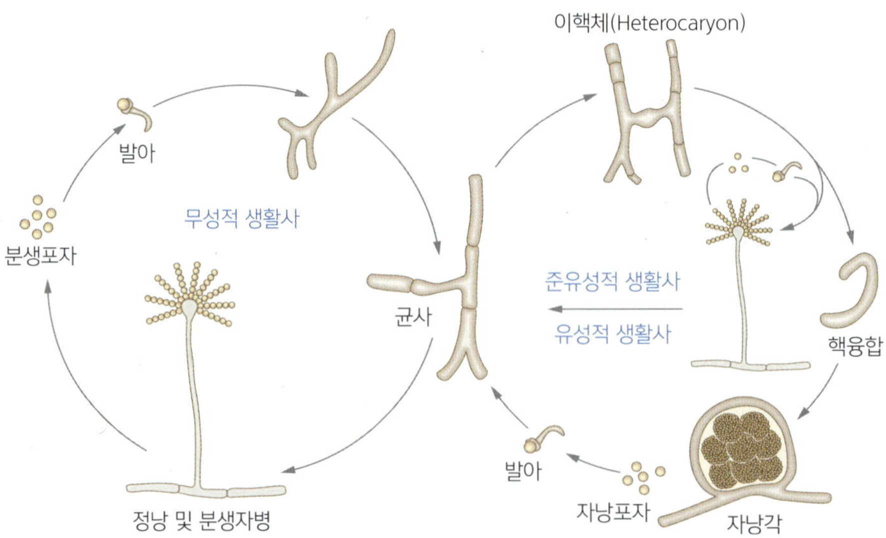

그림 4-10 *Aspergillus*속(자낭균류)의 생활사

성적으로 이루어진다. 또한 유성적으로 서로 다른 자웅균사의 문합으로 한 개의 균사세포에 두 개의 핵을 갖는 이핵 공존세포를 만들고 여기서 자실체와 분생포자를 만드는 준유성적 생활사를 갖는다. 또한, 핵융합이 일어난 균사가 자낭에서 자낭포자를 대량 생산하여 증식하는데 이를 유성적 생활사라 한다.

(2) 주요 자낭균류

① *Aspergillus*속

특징

- 간장, 된장의 장류 발효와 탁주 등 양조산업에 널리 이용되는 곰팡이류이다.
- 포자의 색에 따라 황국균, 흑국균, 백국균 등이 있다.
- 발효와 양조산업에 사용하는 이유는 전분당화력과 단백질분해력이 강하기 때문이다.
- 균사가 긴 장모균은 전분당화력이 강하고 균사가 짧은 단모균은 단백질분해력이 강하다.

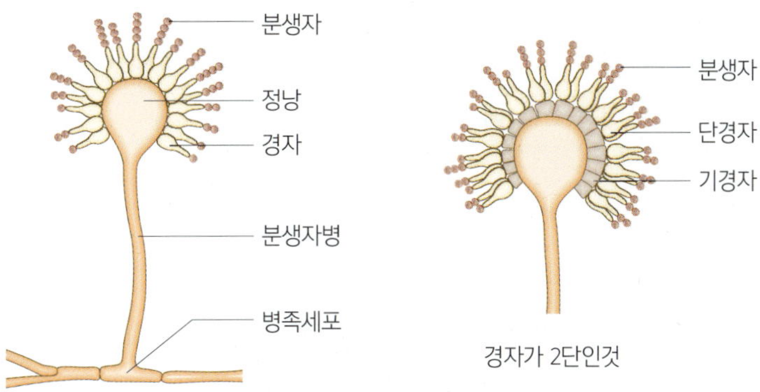

그림 4-11 *Aspergillus*속의 형태

주요 균

- *Aspergillus oryzae*: 간장 등의 장류발효와 탁주와 같은 주류 발효에 사용하는 누룩, 코지 곰팡이다. 포자의 색은 갈색으로 황국균이라고 한다. 코지로부터 여러 효소를 추출하여 소화제의 원료로 사용하기도 한다.

- *Aspergillus sojae*: 짙은 초록색 또는 황색을 띤다. 단백질 분해력이 강하여 개량식 간장 제조에 이용한다.
- *Aspergillus tamari*: 일본의 Tamari 간장 발효에 사용되는 코지균으로, 갈색 색소를 형성하며 코지산kojic acid을 생성한다.
- *Aspergillus niger*: 포자가 흑색이어서 흑국균이라고 한다. 습기가 많은 코르크에 잘 번식하여 코르크 냄새의 원인균이며, 과일과 빵에 잘 번식한다. 전분당화력이 강하여 옥살산, 구연산, 글루콘산을 생산하여 유기산 발효균으로 이용한다. 또한 펙틴분해효소를 생산하여 과일주스의 청징에 사용한다.
- *Aspergillus awamori*: 흑갈색의 누룩곰팡이로 아와모리awamori주 제조에 이용한다.
- *Aspergillus usami*: 알코올 제조를 위한 전분질의 당화에 활용된다.
- *Aspergillus luchuensis* mut. *kawachii*: 국내 막걸리와 일본 소주 등의 제조에 쓰이는 누룩곰팡이이다. 변이균으로, 집락은 백색 또는 담황색을 띤다. 산 생성능력이 우수하여 초기 잡균 번식을 방지하는 데 유용하며, 일반적으로 백국균이라고 불린다.
- *Aspergillus flavus*: 토양이나 식품에 널리 분포하고 아플라톡신aflatoxin이라는 발암물질인 곰팡이독소를 배출한다.

② *Penicillium*속

특징

- 균사에 무색 투명한 격벽이 있고 일반적으로 푸른색 포자를 가져 푸른곰팡이라고 불리나 회백색, 황갈색, 적색을 내는 경우도 있다(그림 4-12).
- 식품 중 과일, 야채, 빵 등에 잘 번식하며, 비교적 낮은 온도인 20~25℃에서 적은 영양분으로도 생장할 수 있다.
- 치즈의 숙성이나 페니실린의 생산 등 유용한 용도로 사용되지만, 황변미의 원인균으로도 작용한다.

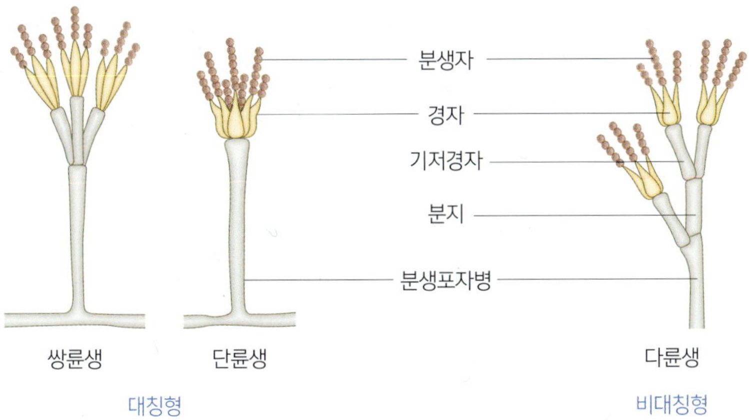

그림 4-12 *Penicillium*속의 형태

주요 균

- *Penicillium chrysogenum*: 항생제인 페니실린을 생산하며 과일에서 분리된 균이다.
- *Penicillium notatum*: 최초의 페니실린 생산균주이다.
- *Penicillium roqueforti*: 프랑스 로크포르 치즈 숙성에 관여하는 균주로서 카세인을 분해하여 치즈의 향미를 부여한다.
- *Penicillium camemberti*: 프랑스 까망베르 치즈 숙성에 관여한다.
- *Penicillium citrinum*, *Penicillium islandicum*, *Penicillium toxicarum*: 황변미 발생의 원인이 되는 균이다.
- *Penicillium expansum*: 사과의 부패에 관여한다.
- *Penicillium digitatum*, *Penicillium italicum*: 감귤류의 부패에 관여한다.

③ *Monascus*속

특징

- 분홍색소인 모나스코빈monascorbine을 생성하여 선홍색을 띠며, 격벽을 가진 분기된 균사를 가지고 있다(그림 4-13).

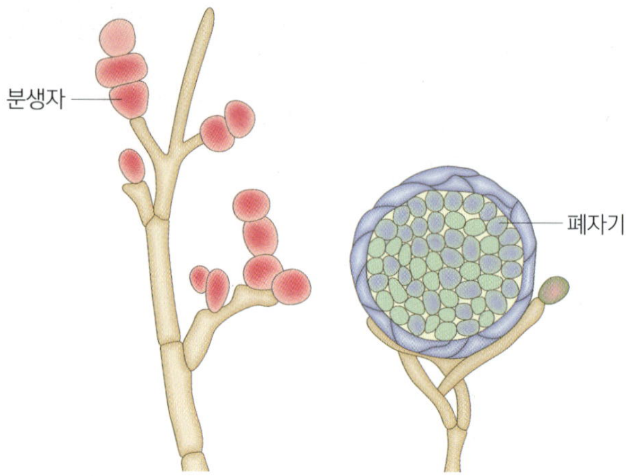

그림 4-13 *Monascus*속의 형태

주요 균

- *Monascus purpureus*: 중국과 말레이시아의 홍주를 만드는 홍국에서 분리된다.
- *Monascus anka*: 홍국과 홍유부의 제조에 사용하고, 붉은색의 색소를 추출하는 데 이용된다. Pectinase(펙틴분해효소, 펙티나아제)를 분비하여 과일주스의 청징공정에 이용한다.

④ *Neurospora*속

특징

- 여름철 옥수수의 속대에 발생하는 붉은색의 곰팡이 균주이다(그림 4-14).
- 빵에 잘 번식하기 때문에 빨간 빵곰팡이라고 불린다.

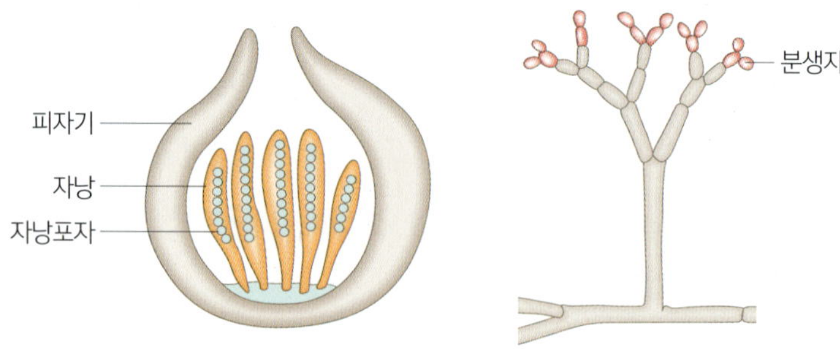

그림 4-14 *Neurospora*속의 형태

주요 균

- *Neurospora sitophila*: 카로틴carotene 색소로 인해 붉은색을 띠며, 리파아제lipase를 분비한다. 인도네시아의 땅콩 발효식품인 Ontjom(온좀) 생산에 이용된다.
- *Neurospora crassa*: 미생물 유전체 연구에 널리 활용되는 생물이다.

⑤ *Eremothecium*속

- *Eremothecium ashbyii*: 아프리카 목화씨에서 분리된 곰팡이 균주를 활용하여 리보플라빈(비타민 B_2)riboflavin을 산업적으로 생산한다.

⑥ *Byssochlamys*속

- *Byssochlamys fulva*: 내열성 포자를 형성하고, 저산소 환경에서도 생육이 가능하여 과일 통조림 및 병조림 식품의 부패를 초래하며, 용기 팽창 현상을 일으킨다.

3) 담자균류

(1) 담자균류의 형태적 특징과 생활사

① 담자균류의 형태적 특징

담자균류는 담자기에서 담자포자를 생성하는 균류를 말한다. 담자균류는 담자기 형태에 따라 하나의 곤봉 모양의 담자기에 4개의 담자포자를 가진 것을 동담자균, 하나가 아닌 여러 개의 담자기가 붙어서 형성되거나 격벽이 있는 담자기를 가진 것을 이담자균이라고 한다(그림 4-15).

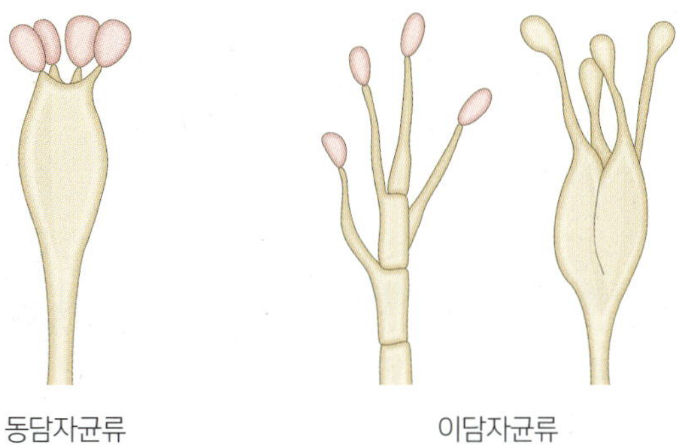

그림 4-15 담자기의 형태

② 담자균류의 생활사

담자균류는 자웅동체 또는 자웅이체인 두 균사가 접합하여 그 말단에 담자기를 만들고 담자기 표면에 4개의 담자포자를 형성한다(그림 4-16). 이 담자포자가 발아하여 1차 균사로 성장하며, 1차 균사는 단핵으로 구성되어 독립적으로도 생장할 수 있다. 서로 다른 1차 균사가 접합하여 세포가 융합되면 하나의 세포에 2개의 핵을 가진 세포가 만들어져 2핵 단상균사가 만들어지는데 이를 2차 균사라 한다. 2차 균사는 담자균류 종류에 따라 균반이라고 하는 특별한 격벽을 형성하기도 한다. 생장한 2차 균사는 자실체 형성을 위해 2개의 핵이 융합한 복상의 3차 균사를 형성하고 자실체(버섯)로 성숙하는데, 4개의 담자포자가 담자기 위에 형성되어 증식에 관여한다.

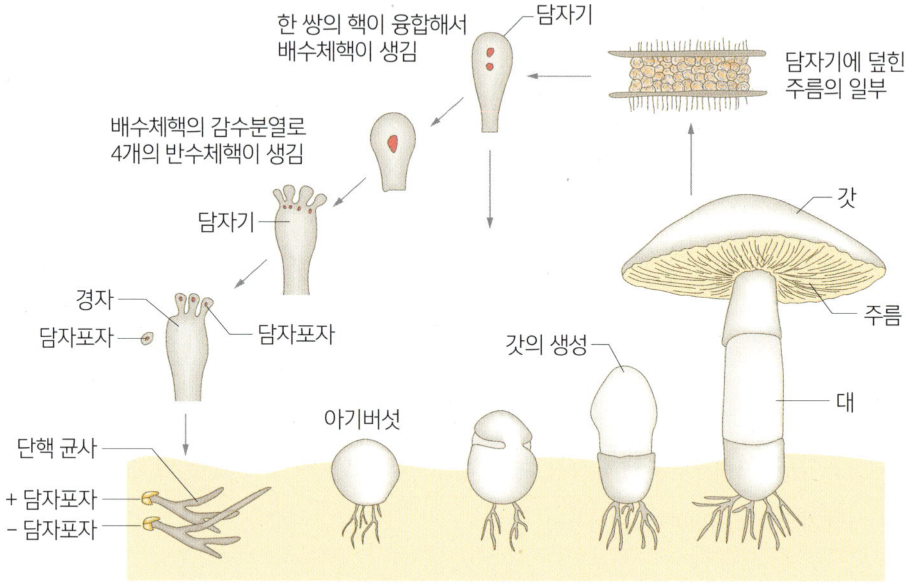

그림 4-16 송이버섯(담자균류)의 생활사

(2) 주요 담자균류

담자균류의 주요 곰팡이 균주는 식용버섯으로, 대부분의 버섯은 담자균류에 속한다(그림 4-17). 이 책에서는 식용버섯만을 소개한다.

① 표고버섯

주름버섯목Agaricales에 속하며 죽은 상수리나무, 밤나무, 참나무 등에 기생하는 버섯으로 갓의 지름은 5~12 cm이다. 건조한 환경에서 자란 표고버섯은 갓이 두껍고 갈라지며 조직이 단단하여 질감이 우수하다. 표고버섯은 구아닐산guanylic acid, 글루탐산glutamic acid, 타이로신tyrosine 등의 유용물질과 향이 좋아 음식의 향과 맛을 낼 때 많이 사용한다.

② 송이버섯

주름버섯목의 버섯으로 소나무 숲에 자라며 한국, 중국, 일본에서만 생산된다. 인공재배가 안되고 맛과 향기가 좋아 고급 버섯으로 구분된다. 송이버섯은 갓이 피지 않고 갓굴레가 자루보다 약간 굵고 짧으며 향이 진한 것이 좋다. 양념을 거의하지 않고 조금 익혀 섭취하며, 산적, 솥밥, 죽 등의 요리에 사용된다.

③ 양송이버섯

주름버섯목에 속하며 갓이 백색 또는 크림색의 둥근 단추 모양이며 자루가 짧다. 향기는 적으나 맛이 좋아 서양요리에 많이 사용된다. 양송이버섯은 보관 시 갈변되거나 갓이 피기 용이하여 주의를 요한다. 육류구이나 볶음, 수프나 샐러드로 이용된다.

④ 느타리버섯

주름버섯목에 속하며 가을철 참나무, 오리나무, 미루나무 등의 활엽수에서 자라지만 볏집 재배도 가능하다. 갓의 모양은 반구형에서 성장함에 따라 조개형, 부채형, 깔대형으로 변하고, 흑갈색에서 회청색, 백색을 띤다. 국이나 찌개, 전골, 나물로 이용된다.

⑤ 팽나무버섯

주름버섯목에 속하여 팽이버섯이라고도 한다. 감나무, 팽나무, 느티나무 등 활엽수에 자생하며, 톱밥과 비료로도 재배 가능하다. 버섯은 흰색과 크림색으로 줄기가 가늘고 긴 모양을 띠고 있다. 줄기가 두꺼울수록 품질이 좋다. 쫄깃한 식감으로 국, 찌개, 전골, 구이, 볶음, 전 등으로 이용한다.

⑥ 목이버섯

목이균목에 속하며 침엽수 고목에서 자라고 버섯의 갓이 사람의 귀와 닮아 목이 木耳라고 하며 지역에 따라 흐르레기라고도 한다. 갓의 지름은 3~12 cm 정도이며 비를 맞으면 흐물흐물해졌다가 건조하면 딱딱해진다. 목이버섯은 물에 불려 잡채, 무침, 볶음, 탕 등의 재료로 이용한다.

그림 4-17 담자균류의 분류

4) 불완전균류

(1) 불완전균류의 형태적 특징

진균류 중에서 이종 균사의 핵융합이 행해지는 유성생식이 전혀 인정되지 않는 곰팡이 균주와 유성생식이 인정되는 균주의 무성생식 부분을 통틀어 불완전균류라고 한다. 현재 불완전균주로는 약 15,000종 이상의 곰팡이 균주와 무포자 효모, 사출포자 효모 등이 있다(그림 4-18). 불완전균류에는 식물 병원균이 많다.

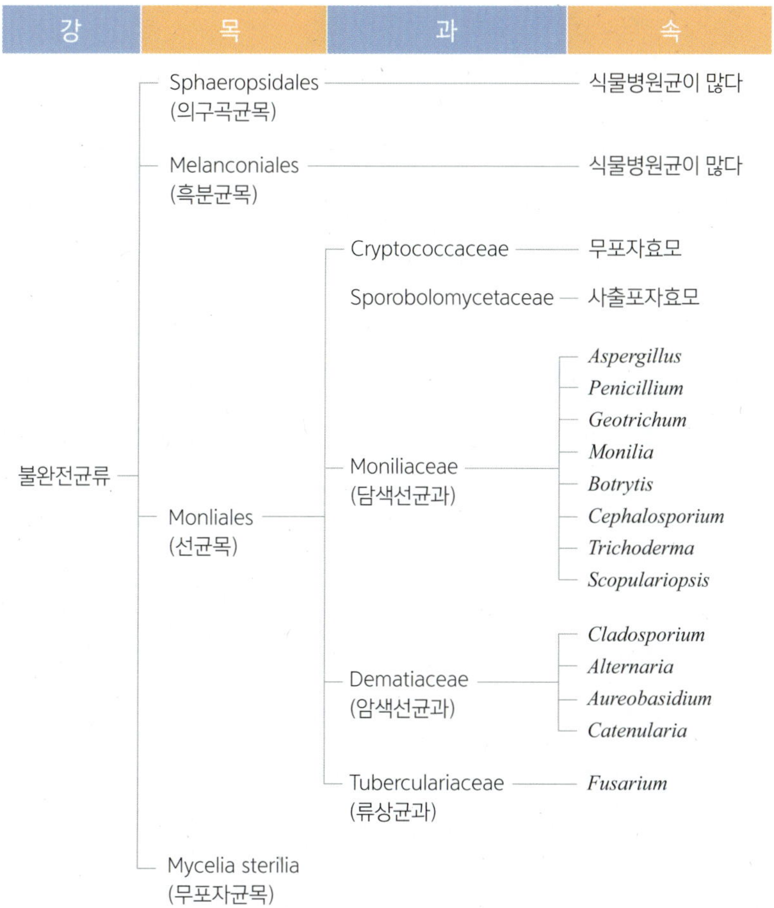

그림 4-18 불완전균류의 분류

불완전균류는 다음 4가지 목으로 분류된다. 의구곡균목은 균사가 모인 구상의 포자기pycnidium에서 많은 분생자를 만들어 증식하며, 흑분균목은 식물표피 속에 만들어진 분생자층에서 분생포자를 생산하여 증식한다. 또한, 선균목은 단균사만으로 분생자병을 만들어 증식하고 무포자효모, 사출포자효모 등 중요한 곰팡이가 많다. 무포자균목는 포자가 발견되지 않고 균사만으로 증식하는 곰팡이이다. *Aspergillus*속과 *Penicillium*속은 불완전균류로 분류되기도 하나, 이 곰팡이들이 유성생식을 할 때 자낭을 형성하는 것이 나중에 밝혀져 본 교재에서는 자낭균류에서 다루기로 한다.

(2) 주요 불완전균류

- *Georeichum*속: 대표적인 균주인 백색의 *Georeichum candidium*은 우유, 유제품, 제과류, 전분 공장 폐수 등에서 자주 발견된다.
- *Cephalosporium*속: 백색 또는 담색의 균주로 *Cephalosporium acremonium*은 항생물질인 cephalosporin C를 생산한다. 또한 *Cephalosporium gramineum*은 소맥의 줄무니마름병의 원인균이다.
- *Trichoderma*속: 진녹색의 곰팡이로 토양과 목재, 버섯재배용 목재에 번식하여 해를 일으키며, 셀룰라아제cellulase 생산에 이용된다. 대표적인 균주로는 *Trichoderma viride*가 있다.
- *Botrytis*속: 회색의 곰팡이로 포도, 딸기의 유해균이다. *Botrytis cinerea*는 포도의 신맛과 수분을 감소시키고 당도를 증가시킨다.
- *Cladosporium*속: 암녹색, 흑색의 곰팡이로, 식물 병원균이 많다. 이 곰팡이는 사료에 번식하여 가축에 중독을 일으키며, 맥아, 목재, 호프, 섬유 등을 부패시키고 포도주 코르크에 나쁜 냄새를 유발하며, 우유에 쓴맛을 일으킨다. *Cladosporium herbarum*은 맥아, 목재, 호프, 섬유 등을 부패시키는 유해균이다.
- *Alternaria*속: 토양에 많이 존재하며 맥아, 목재, 호프, 섬유 등을 부패시키고 식물에 흑반병을 일으키는 원인균이다. 식물 병원균으로는 *Alternaria tenius*, *Alternaria brassicae*, *Alternaria citri* 등이 있다.

- *Fusarium*속: 분홍색 또는 적자색을 띠는 곰팡이로, 토양에 널리 분포하며 다양한 작물에 병을 일으키는 대표적인 식물 병원균이다. *Fusarium moniliforme*는 벼에 발생하는 키다리병의 원인균이며, 지베렐린gibberellin 생산에 이용된다. *Fusarium graminearum*은 보리에 붉은곰팡이병을 일으키는 병원균이다.

지베렐린이란?

- 지베렐린gibberellin은 식물 호르몬plant hormone의 일종이다.
- 식물의 생장과 발달을 촉진하는 역할을 한다.
- 일본 과학자들이 벼의 키다리병foolish seedling disease을 일으키는 곰팡이(*Fusarium moniliforme* 등)에서 처음 발견했다.

FOOD MICROBIOLOGY

FOOD MICROBIOLOGY

chapter

05

효모

1. 효모의 형태와 구조
2. 효모의 분류
3. 효모의 증식방법
4. 효모의 생리적 특성
5. 식품과 관련된 주요 효모

chapter 05

효모yeast는 진핵세포로 진균류fungi에 속한다. 단세포로 주로 출아법에 의해 증식하지만, 분열법 혹은 출아분열법으로 증식하기도 한다. 효모는 대부분 자낭균류와 불완전균류에 속하지만, 담자균류에 속하는 것도 있다.

효모는 과실의 표피, 수액, 토양, 해수 등 자연계에 광범위하게 분포한다. 자연계에서 분리된 직후의 효모를 야생효모wild yeast라고 하며, 그중에서 우수한 특성을 가진 효모를 분리한 후 목적에 따라 배양하여 생산한 것을 배양효모culture yeast라고 한다. 배양효모는 제빵, 맥주, 와인, 식용 및 사료용 단백질, 비타민류, 핵산 등의 생산에 활용된다. 그러나 병원성 효모나 양조 식품에서 변패를 일으키는 효모도 존재한다.

1. 효모의 형태와 구조

1) 효모의 형태

효모의 형태와 크기는 균주의 종류에 따라 다르며, 배지조성, 배양조건, 세포의 나이, 산소농도 등 여러 요인에 의해 영향을 받을 수 있다. 효모의 형태는 구형, 계란형, 타원형 세포가 가장 흔하지만, 소시지형, 레몬형, 삼각형 등의 형태를 갖는 것도 있다. 또한 일부 효모는 위균사나 진균사를 형성하기도 한다. 효모의 크기는 일반적으로 3~8 μm×5~12 μm 정도로, 원핵세포인 대장균(1 μm×2 μm)보다 훨씬 크다.

효모의 대표적인 형태는 그림 5-1과 같다.

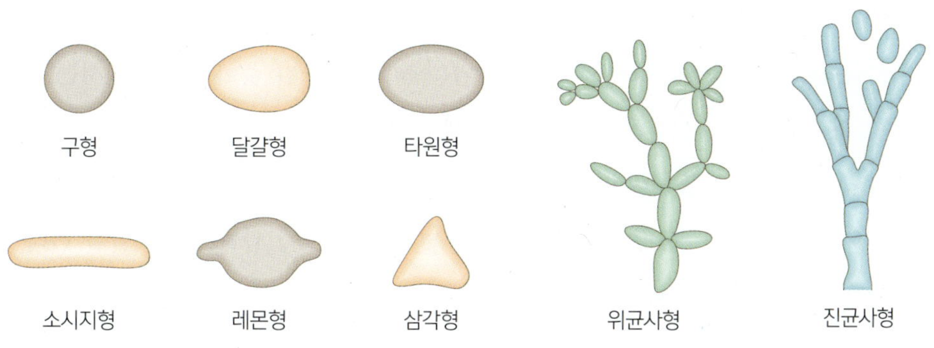

그림 5-1 효모의 형태

2) 효모의 구조

효모는 진핵세포로서 핵nucleus, 미토콘드리아mitochondria, 소포체endoplasmic reticulum, 골지체golgi apparatus, 액포vacuole 등 다양한 세포소기관organelle을 갖추고 있다(그림 5-2).

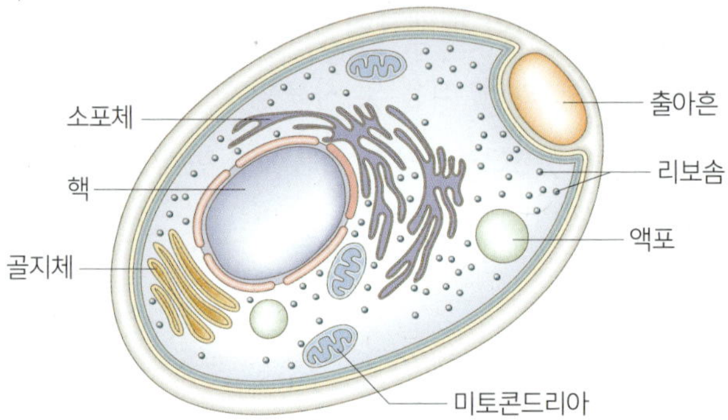

그림 5-2 효모 세포의 구조

(1) 세포벽과 세포막

세포의 바깥쪽에는 세포벽이 위치하며, 이는 세포의 형태를 유지하고 외부로부터의 물리적 충격 및 삼투압 변화로부터 보호하는 역할을 한다. 세포벽의 외부 층은 만난mannan과 단백질이 결합한 만노단백질mannoprotein로 이루어져 있으며, 내부 층은 베타-글루칸β-glucan과 키틴chitin으로 구성되어 있다(그림 5-3). 효모의 세포벽은 펩티도글리칸peptidoglycan으로 구성된 세균의 세포벽보다 더 두껍고 단단하다.

효모의 세포벽은 출아에 의해 모세포로부터 딸세포가 분리될 때 그 부위에 흔적을 남기는데, 이를 출아흔bud scar이라 한다(그림 5-4). 한번 출아한 자리에서는 다시 출아하지 않으며 출아흔의 수는 완료된 세포 분열의 수를 나타낸다.

세포막은 세포질을 둘러싸고 있는 얇은 막으로 인지질 이중층으로 구성되어 있다. 세포막은 세포 내외로 물질의 선태적인 수송 및 외부 신호를 감지하는 역할을 한다. 원핵세포와 달리 스테롤sterol이 함유되어 있어 세포막을 구조적으로 안정하게 한다.

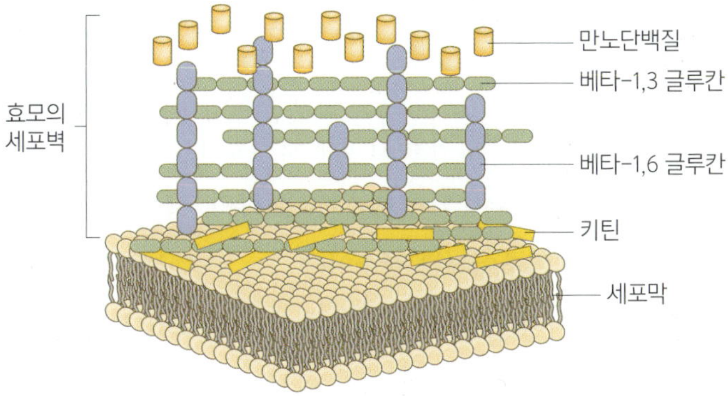

세포벽 성분	중량(%)
만노단백질	30~50
베타-1,3 글루칸	30~45
베타-1,6 글루칸	5~10
키틴	1.5~6

그림 5-3 효모의 세포벽과 세포막

출처: Tofalo R, Suzzi G, Perpetuini G. Discovering the Influence of Microorganisms on Wine Color. *Front Microbiol*. 2021. 12:790935.

그림 5-4 *Saccharomyces cerevisiae*의 전자현미경 사진

출처: wikipedia https://en.wikipedia.org/wiki/Saccharomyces_cerevisiae#/media/File:Saccharomyces_cerevisiae_SEM.jpg

(2) 세포질

진핵세포인 효모는 세포질 내에 막으로 둘러싸인 핵과 미토콘드리아, 소포체, 골지체, 액포 등의 세포소기관을 포함하며, 단백질 합성에 핵심적인 역할을 하는 리보솜ribosome을 갖고 있다.

- 핵: DNA와 단백질로 구성된 염색체를 포함하며, 유전 정보는 DNA에 저장되어 있다.
- 미토콘드리아: 세포 호흡을 통해 ATP를 생산하는 세포의 에너지 생산 기관이다.

- 조면소포체: 리보솜이 붙어있다. 막단백질과 세포 밖으로 분비되는 단백질이 합성된다.
- 활면소포체: 리보솜이 존재하지 않으며, 지질 합성에 관여한다.
- 골지체: 소포체에서 합성된 단백질을 운반하는 역할을 하며, 세포벽의 다당류와 당단백질이 합성되고 이동이 이루어지는 장소이다.
- 액포: 영양분을 저장하는 장소이며, 가수분해 효소를 포함하고 있다.

2. 효모의 분류

효모는 세포의 형태, 영양 증식법, 유성 생식의 유무, 포자의 형태 등에 따라 분류되지만, 소재(야생효모 또는 배양효모), 탄소원 및 질소원의 이용성, 당류의 발효성, 요소분해효소urease 활성, 분자 생물학 특성 등에 따라 분류할 수도 있다.

1) 유포자효모와 무포자효모

효모는 포자 생성 유무에 따라 유포자효모와 무포자효모로 구분된다. 유포자효모는 대부분 자낭균류에 속하며, *Saccharomyces*속, *Zygosaccharomyces*속, *Pichia*속, *Schizosaccharomyces*속, *Kluyveromyces*속 등이 이에 해당한다. 무포자효모는 포자를 형성하지 않는 불완전균류로, 유성생식이 없거나 밝혀지지 않은 것을 말한다. 무포자효모로는 *Candida*속, *Cryptococcus*속, *Torulopsis*속, *Brettanomyces*속, *Rhodotorula*속 등이 있다.

2) 산막효모와 비산막효모

산소 농도가 높은 배양액의 표면에서 성장하여 산막(피막)을 생성하는 효모를 산막효모film yeast라고 한다. *Candida*속, *Debaryomyces*속, *Hansenula*속, *Pichia*속 등은 산소 요구량이 높아 배양액 표면에서 발육하는 산막효모에 속한다. 반면, 비산막효모non-film yeast는 산소 요구량이 적어 배양액 내부에서 발육하는 효모로, 발효력이 강한 *Saccharomyces*속, *Schizosaccharomyces*속 등이 이에 속한다.

3) 상면발효효모와 하면발효효모

맥주 양조에서는 발효 중 효모의 생육 특성에 따라 상면발효효모top fermenting yeast와 하면발효효모bottom fermenting yeast로 분류한다.

- 상면발효효모: 발효 온도가 14~25℃로 영국식 에일ale 맥주의 생산에 이용된다. 발효 중에 모세포와 딸세포가 분리되지 않고 연결되는 출아연결 현상이 나타나 표면적이 증가되어 발효액의 표면에 떠오르는 특성이 있다. 생리적인 특성으로 sucrose(glucose-fructose)를 분해하는 invertase 효소만을 갖고 있어 삼당류인 raffinose(galactose-glucose-fructose)를 1/3 정도만 이용할 수 있다.
- 하면발효효모: 발효 온도가 4~12℃로 독일식 라거lager 맥주의 제조에 이용된다. 출아연결 현상이 없으며, 발효 말기에 응집하여 밑바닥으로 침강한다. sucrose(glucose-fructose)를 분해하는 invertase 효소와 melibiose(galactose-glucose)를 분해하는 melibiase 효소를 갖고 있어 삼당류인 raffinose(galactose-glucose-fructose의 형태)를 완전히 분해하여 이용할 수 있다.

4) 야생효모와 배양효모

야생효모는 자연 상태에서 발견되는 효모로, 포도, 과일, 김치 등에서 채집할 수 있다. 이는 자연 발효를 이용한 양조에 활용되며, 지역별 고유한 향미를 지닌 맥주나 와인의 생산에 사용된다. 반면, 배양효모는 자연계에서 우수한 효모를 순수 분리하여 특정 목적에 맞게 활용하는 효모로, 맥주, 와인, 청주 등의 제조 과정에서 종균으로 사용된다. 대표적인 예로 맥주 효모, 와인 효모, 청주 효모 등이 있다.

3. 효모의 증식방법

효모는 일반적으로 무성생식을 통해 증식한다. 무성생식 방법으로는 출아법budding, 분열법fission, 출아분열법bud fission 등이 있다(그림 5-5). 그러나 영양분이 부족하거나 환경이 열악해지면 자낭균류에 속하는 효모들은 유성생식을 통해 자낭포자를 생성한다.

1) 무성생식(영양증식)

(1) 출아법

출아는 가장 일반적인 무성생식 방식으로, *Saccharomyces cerevisiae*와 같은 자낭균류는 출아를 통해 증식한다. 모세포mother cell의 표면에 작은 돌기 형태의 싹bud이 자라서 점점 커지고, 핵이 둘로 분리되며 새로운 세포벽이 형성되면서 딸세포daughter cell가 탄생한다.

출아의 방법으로는 다극출아multilateral budding와 양극출아bipolar budding가 있다. 다극출아는 모세포 표면의 여러 위치에서 출아가 일어나는 방식으로, *Saccharomyces cerevisiae*가 대표적이다. 세포가 여러 방향으로 출아를 생성하여 빠르게 번식할 수 있다. 양극출아는 세포의 양 끝에서만 출아가 일어나는 방식으로, *Saccharomycodes*속, *Hanseniaspora*속 등이 이 방법에 의해 증식한다.

출아된 세포가 모세포로부터 분리되지 않고 길게 늘어나 연결된 형태의 위균사를 형성하기도 하며, 곰팡이처럼 격막septum으로 분리된 진균사를 형성하기도 한다.

(2) 분열법

세균과 같이 세포 중앙에 격막이 생겨 원형질이 균등하게 나누어져 두 개의 세포로 분열하는 방법을 분열법이라 한다. 이 방법으로 증식하는 효모를 분열효모fission yeast라고 하며, 대표적인 예로 *Schizosaccharomyces*속이 있다.

(3) 출아분열법

출아와 분열이 혼합된 방식으로, 출아 후 이분법으로 분열하여 증식한다. 대표적인 예로 *Saccharomycodes*속이 있다.

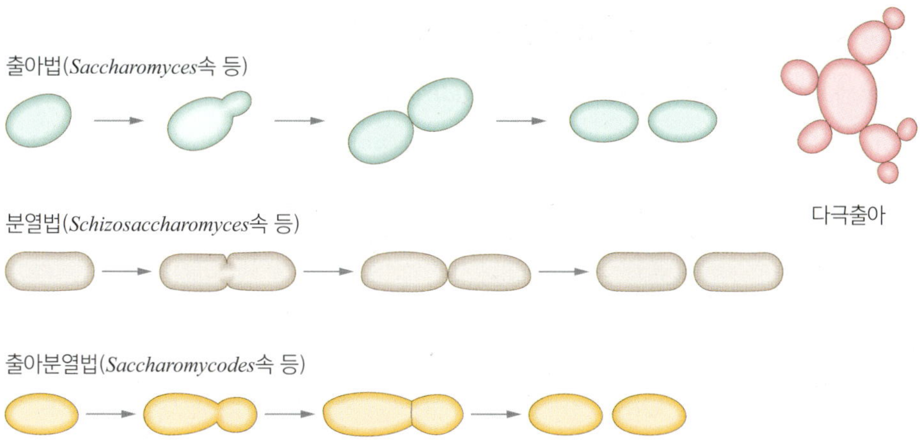

그림 5-5 효모의 무성생식법

2) 유성생식

자낭균류에 속하는 효모는 생육 환경이 나빠지면 유성생식을 통해 자낭포자를 생성한다. 일반적으로 하나의 자낭 안에 4개 또는 8개의 자낭포자가 형성되며, 이들 포자는 영양세포보다 내열성이 높은 특징을 가진다.

대표적인 예로 빵 효모*Saccharomyces cerevisiae*는 영양소가 고갈되면 감수분열을 통해 4개의 자낭포자를 생성한다(그림 5-6).

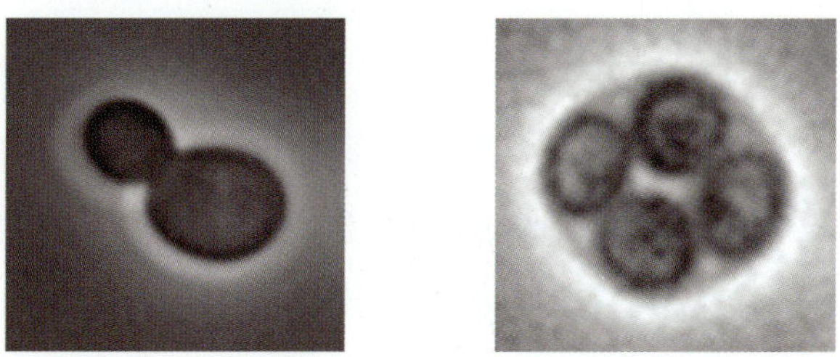

출아(budding) 자낭포자(ascospore)

그림 5-6 *Saccharomyces cerevisiae* 효모의 출아와 자낭포자

출처: https://www.sciencedirect.com/science/article/pii/S1631069111001405

3) 효모의 세포주기

효모는 일반적으로 핵에 한 쌍의 염색체를 가진 이배체diploid(2*n*)로 존재하지만, 이배체의 감수분열을 거쳐 반수체haploid(*n*)로 존재하기도 한다. 영양분이 풍부한 환경에서는 이배체와 반수체 모두 무성생식을 통해 모세포와 유전적으로 동일한 딸세포를 생성한다. 예를 들어, *Saccharomyces cerevisiae*의 경우 이배체($2n=2\times16$)는 32개, 반수체($n=16$)는 16개의 염색체를 갖는다. 출아법을 통해 번식하는 *Saccharomyces cerevisiae*의 무성생식 단계는 그림 5-7에 나타나 있다.

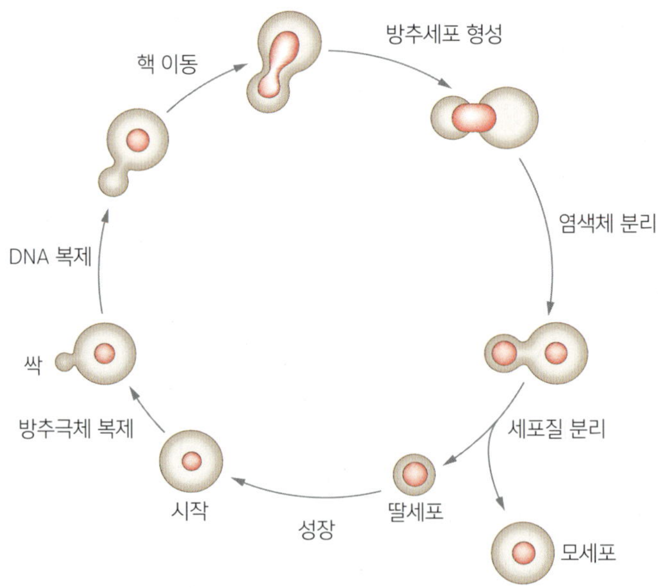

그림 5-7 *Saccharomyces cerevisiae* 효모의 무성생식 단계

자낭균류에 속하는 효모는 영양결핍 등 생육조건이 악화되면, 유성생식을 통한 감수분열을 거쳐 반수체(*n*)인 자낭포자를 형성한다. 반수체는 두 가지 유형의 서로 다른 교배형인 a형과 α형으로 존재하며, 이들을 배우자gamete라고 한다. 예를 들어, *Saccharomyces cerevisiae*의 a형과 α형 반수체는 적합한 환경에서 서로 융합하여 이배체(a/α) 효모가 되고, 이후 출아를 통해 무성생식으로 증식한다. 그러나 이배체 효모는 환경이 다시 악화되면 유성생식을 통해 4개의 자낭포자를 생성한다.

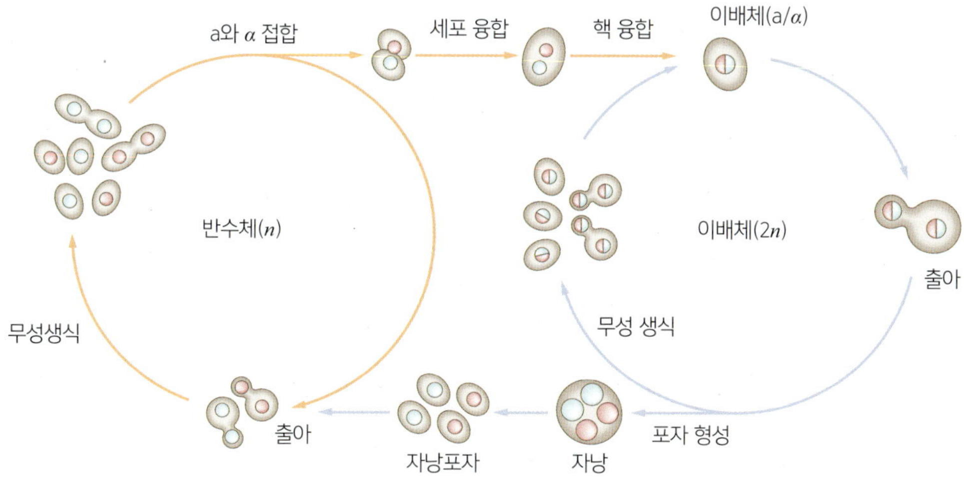

그림 5-8 *Saccharomyces cerevisiae* 효모의 생활사

4. 효모의 생리적 특성

효모는 호기성 또는 통성 혐기성균으로, 일반적으로 생육에 적합한 온도는 25~30℃, 최적 pH는 미산성(5~6)이다. 산소 농도에 따라 호기적 대사(호흡)와 혐기적 대사(알코올 발효) 과정을 수행한다.

- 호기적 환경에서는 산소를 이용하여 에너지를 효율적으로 생성하는 호흡을 진행한다.
- 혐기적 환경에서는 산소가 부족하여 알코올 발효를 통해 에너지를 얻으며, 그 과정에서 에탄올과 이산화탄소를 생성한다.

1) 효모의 대사과정

혐기적 조건에서 효모를 배양하면 당을 이용하여 에탄올과 이산화탄소를 생성하므로, 맥주, 포도주, 청주, 탁주, 과실주 등의 양조 과정에서 활용된다. 대표적인 양조효모인 *Saccharomyces cerevisiae*는 발효를 통해 포도당의 약 95%를 에탄올과 이산화탄소로 전환하며, 미량으로 아세트알데하이드acetaldehyde, 아세트산acetic acid, 글리세롤glycerol 등을 생성한다.

발효작용 포도당 ⟶ 2 에탄올 + $2CO_2$ + 58 kcal (2ATP)

호기적 조건에서는 공기 노출로 인해 발효능력이 감소하며, 호흡작용을 통해 최종 산물로 이산화탄소와 물이 생성된다. 호흡 작용(38 ATP)은 발효 작용(2 ATP)보다 많은 에너지를 생성하므로, 효모는 호기적 환경에서 이를 이용해 활발히 생육하고 대량으로 증식한다. 이러한 특성은 제빵 효모의 대량 생산에 활용된다.

호흡작용 포도당 + $6O_2$ ⟶ $6CO_2$ + 686 kcal (38ATP)

2) 효모의 영양요구성

효모는 일반적으로 탄소원carbon source, 질소원nitrogen source, 무기염류mineral source, 비타민vitamins 등을 필요로 하지만, 균종에 따라 영양요구성이 다를 수 있다.

- 탄소원: 효모는 포도당, 과당, 맥아당, 설탕 등의 당류를 탄소원으로 이용한다. 일부 효모는 유당과 올리고당을 이용할 수 있으며, *Candida*속의 일부 균주는 5탄당 및 노말파라핀normal paraffin계 탄화수소를 탄소원으로 활용할 수 있다. 그러나 일반적으로 다당류는 효모에 의해 이용되지 못한다.
- 질소원: 단백질과 핵산 합성을 위해 질소원이 필요하다. 유기질소원으로는 펩톤peptone, 효모추출물yeast extract 등이 이용된다. 무기질소원으로는 주로 암모늄염이 사용된다.
- 무기염류: 세포 내 삼투압 조절 및 효소의 구성 요소로 역할을 한다. 주요 무기염류로는 나트륨, 칼륨, 인, 마그네슘, 칼슘 등이 필요하다.
- 비타민류: 일부 효모는 비타민을 필수적으로 요구하며, 특히 비타민 B군은 효모의 생장에 중요한 역할을 한다.

5. 식품과 관련된 주요 효모

1) 유포자효모

(1) *Saccharomyces*속

특징

- *Saccharomyces*속의 효모는 세포가 구형 또는 계란형이며, 크기는 직경 2~8 μm, 길이는 3~25 μm 정도이다.
- 영양세포는 출아법으로 증식하며, 주로 다극출아를 한다.
- 유성생식을 통해 자낭ascus 안에 1~4개의 자낭포자ascospore를 형성한다.
- 알코올 발효력이 강한 균주가 많아 주류 산업에서 널리 이용되고 있다.

주요 균

- *Saccharomyces cerevisiae*
  - *Saccharomyces*속을 대표하는 균주로, 알코올 발효력이 강하다.
  - 맥주, 와인, 청주, 제빵 등의 제조에 광범위하게 이용된다.
  - 맥주 산업에서는 상면발효효모로 사용된다.
  - 발효 중 액의 표면에 떠올라 발효액을 혼탁하게 만드는 특성이 있다.
  - 주로 영국식 에일 맥주Ale beer 생산에 이용된다.
- *Saccharomyces pastorianus*(*Saccharomyces carlsbergensis*)
  - 대표적인 하면발효효모이다.
  - 독일식 라거 맥주lager beer 생산에 이용된다.
  - 산업적으로 *Saccharomyces cerevisiae*와 *Saccharomyces eubayanus*의 교배hybridization를 통해 생성된 균주이다.
  - 과거에는 *Saccharomyces carlsbergensis*라는 이름으로 사용되었다.
  - 낮은 온도(5~14℃)에서도 발효할 수 있는 내한성cold tolerance을 가진다.
  - 2탄당인 멜로비오스melibiose와 3탄당인 라피노스raffinose를 완전히 발효할 수 있다.

(2) *Zygosaccharomyces*속

특징

- 세포는 구형 또는 계란형이며, 일부 균주는 위균사pseudohyphae를 형성하기도 한다.
- 영양세포는 출아법으로 증식하며, 다극출아를 한다.
- 유포자효모로, 유성생식을 통해 자낭 안에 1~4개의 자낭포자를 형성한다.
- Saccharomycetaceae과에 속하며, *Saccharomyces*속과 밀접한 관련이 있다.
- 과거에는 *Saccharomyces*속으로 분류되었으나, 1983년에 현재의 *Zygosaccharomyces*속으로 재분류되었다.

주요 균

- *Zygosaccharomyces rouxii*
  - 내삼투압성 효모로, 고당도 식품 및 18% 이상의 고농도 염분 환경에서도 생육 가능하다.
  - 간장 발효 과정의 후기 단계에 관여한다.
  - 아미노산을 이용하여 방향성 알코올을 생산하며 간장에 독특한 향미를 부여한다.

(3) *Schizosaccharomyces*속

특징

- 세포는 원통형이며, 크기는 직경 3~4 μm, 길이 7~14 μm이다.
- 분열법에 의해 증식하는 것이 특징으로, 일반적인 출아법과 다르다.
- 유포자효모로, 자낭 안에 4~8개의 자낭포자를 형성한다.
- 주로 열대 지방의 토양과 과일에서 분리된다.

주요 균

- *Schizosaccharomyces pombe*
  - 아프리카 전통 맥주인 폼베pombe주에서 처음 분리된 효모로, 알코올 발효력이 강하다.

- 분열 효모fission yeast로 불리며, 일반적인 효모(*Saccharomyces*속)와 달리 세포의 끝에서만 성장하고, 중앙에서 세포 분열을 통해 동일한 크기의 두 개의 딸세포를 생성한다.
- 전 세계적으로 과일, 콤부차, 당밀 등 다양한 식품에서 분리된다.

(4) *Pichia*속

특징

- 세포의 형태는 구형 또는 타원형이다.
- 영양세포는 다극출아를 하며, 출아된 세포가 길게 늘어나면서 위균사를 형성하기도 한다.
- 유포자효모로 자낭 안에 1~4개의 자낭포자를 형성한다.
- 산막효모로 호기적 조건에서 성장하며, 당 발효력은 없거나 매우 미약하다.
- 주류(맥주, 포도주)와 간장 발효 표면에 주름진 얇은 피막을 형성한다.

주요 균

- *Pichia membranifaciens*
  - 당 발효성이 거의 없거나 약하다.
  - 맥주와 포도주에서 에탄올을 소비하고, 표면에 피막을 형성하는 유해 효모이다.
  - 발효 음료 및 식품의 품질 저하를 유발할 수 있다.

(5) *Kluyveromyces*속

특징

- 세포는 타원형 또는 원통형이며, 일부 균주는 위균사를 형성하기도 한다.
- 영양세포는 출아법에 의해 증식하며, 다극출아를 한다.
- 유포자효모로, 자낭 안에 1~4개(일부 종에서는 16개 이상)의 자낭포자를 형성한다.
- 유당을 포도당과 갈락토오스로 분해하는 β-galactosidase 효소를 분비한다.
- 유당 발효성 효모로, 발효유 생산에 이용된다.

- 대표적인 발효유 제품으로 케피어kefir, 쿠미스kumiss 등이 있다.

주요 균

- *Kluyveromyces marxianus*
  - 유당 발효성 효모로, β-galactosidase 효소 활성을 가진다.
  - 주로 발효유 제품에서 발견되며, 케피어kefir 효모 개체군의 90% 이상을 차지한다.
  - 빠른 성장 속도와 높은 온도에서도 발효할 수 있는 특성을 지녀 산업적 활용도가 높다.
- *Kluyveromyces lactis*
  - 우유, 치즈 등에서 분리되며, 유당을 이용하여 젖산으로 전환이 가능하다.
  - 유산균과 함께 발효유 제품의 풍미와 텍스처 개선에 기여한다.

(6) *Debaryomyces*속

특징

- 세포는 구형 또는 타원형이며, 일부 균주는 위균사를 형성하기도 한다.
- 유포자효모로, 표면에 돌기가 있는 자낭포자를 형성하는 것이 특징이다.
- 당 발효성은 없거나 매우 미약하다.
- 산막효모로, 내염성이 강하여 절인 고기, 채소 절임의 표면에서 흔히 발견된다.

주요 균

- *Debaryomyces hansenii*
  - 내염성이 강하여 고농도의 식염 환경에서도 생육이 가능하다.
  - 호기적 상태에서 저장된 베이컨, 소시지 등의 육제품에서 점질 물질을 생성할 수 있다.
  - 치즈에서 분리되며, 숙성과 풍미 형성에 기여한다.
  - 치즈 표면에서 미생물 군집을 형성하여 치즈 숙성 과정에 중요한 역할을 한다.

2) 무포자효모

(1) *Candida*속

특징

- 세포는 구형, 타원형, 원통형이며, 출아법으로 증식하며 다극출아를 한다.
- 균종에 따라 위균사와 진균사를 형성하기도 한다.
- 산업적으로 활용 가능성이 높은 효모로, 단세포 단백질SCP, single cell protein 생산에 이용된다. 미생물을 이용한 SCP 생산은 생성 시간이 짧고 세포 내 단백질 함량이 높은 이점이 있다.

주요 균

- *Candida tropicalis*
  - 탄화수소 자화성hydrocarbon assimilation이 강하여 석유효모petroleum yeast라고도 불린다.
  - 석유 탄화수소를 이용한 단세포 단백질 생산에 활용된다.
- *Candida utilis*
  - 목재를 구성하는 단당류인 자일로스xylose 자화성이 강하다.
  - 목재산업에서 발생하는 아황산 펄프 폐액을 이용하여 단세포 단백질 생산에 활용된다.
- *Candida lipolytica*
  - 버터, 마가린 등 지방 함량이 높은 식품에서 분리된다.
  - 리파아제lipase(지질분해효소) 활성이 강하여 지방 분해 능력이 뛰어나다.
  - 산업적으로 지질 가수분해lipid hydrolysis 및 생물전환bioconversion 연구에 활용된다.
- *Candida albicans*
  - 사람의 피부, 인후 점막, 소화기 및 생식기 등에 기생하는 병원성 효모이다.
  - 면역력이 저하된 상태에서 칸디다증candidiasis을 유발한다. 구강(구강 칸디다증), 생식기(질 칸디다증), 전신성 감염 등 다양한 감염증을 일으킬 수 있다.
  - 정상 미생물군의 균형이 깨질 경우 병원성이 증가할 수 있다.

(2) *Torulopsis*속

특징

- 세포는 구형 또는 타원형이며, 크기가 비교적 작다.
- 출아법으로 증식하며, 위균사를 형성하지 않는다는 점에서 *Candida*속과 구분된다.
- 내염성 및 내당성을 갖추어 염분이나 당 함량이 높은 식품에서 잘 검출된다.

주요 균

- *Torulopsis versatilis*
  - 내염성 효모로, 간장 숙성의 후기 단계에서 중요한 역할을 한다.
  - 방향성 알코올을 생산하여 간장에 독특한 향미flavor를 부여한다.
- *Torulopsis etchellsii*
  - 내염성 효모로 간장 발효 과정에 관여한다.
  - 방향성 알코올을 생성하여 일본 조미료인 미소miso와 쇼유shoyu의 향미 형성에 기여한다.

(3) *Rhodotorula*속

특징

- 세포는 구형 또는 타원형이며, 직경 3~5 μm이다. 위균사를 형성할 수 있다.
- 출아법으로 증식하며, 다극출아를 한다.
- 카로티노이드carotenoid 색소를 생성하여, 고체배지에서 적색 또는 황색 집락colonies을 형성, 이로 인해 '적색 효모'라고 부른다.
- 자연계에 널리 분포하며, 육류 및 사우어크라우트sauerkraut 등 식품에서 적색 반점을 형성하기도 한다.

주요 균

- *Rhodotorula glutinis*
  - 산업적으로 유용한 효모로, 지질과 카로티노이드를 다량 생산할 수 있다.
  - 유지 생산 효모로, 세포 중량의 최대 70%까지 지방을 축적할 수 있다.

- 올레산oleic acid 함량이 높아, 식물성 기름의 대체제로 활용될 가능성이 크다.

(4) *Brettanomyces*속

특징

- 세포 형태가 다양하여 구형, 타원형, 긴 소시지 모양 등으로 존재하며, 위균사를 형성할 수 있다.
- 출아법으로 증식하며, 다극출아를 한다.
- 호기적 조건하에서 포도당을 대사하여 다량의 초산acetic acid을 생성한다.

주요 균

- *Brettanomyces bruxellensis*
  - 벨기에의 자연발효 맥주 양조장에서 발견되는 야생효모이다.
  - 후발효 과정에서는 시큼한 맛을 부여하여 독특한 풍미 형성에 기여하지만, 하면발효 맥주, 와인, 청량음료에서는 품질 저하를 초래하는 유해균으로 간주된다.
  - 특유의 휘발성 페놀류를 생성하여 가죽, 연기, 의약품을 연상시키는 독특한 향을 유발할 수 있다.

FOOD MICROBIOLOGY

FOOD MICROBIOLOGY

chapter

06

세균

1. 세균의 구조와 생리
2. 세균의 생태와 환경에서의 역할
3. 세균의 분류와 종류
4. 세균과 식품

chapter 06

세균은 단세포 생물체로, 곰팡이와 효모와는 다른 구조를 가진다. 크기는 주로 1 μm 정도이며, 형태는 배양 조건과 상태에 따라 달라질 수 있다. 세포분열로 증식하며, 공기, 흙, 물 등 자연환경에 널리 분포한다. 현재 약 10만 종의 세균이 발견되었으며, 이 중 식품과 관련된 미생물은 약 3천 종으로 추정된다.

1. 세균의 구조와 생리

1) 세균의 형태

세균은 미세한 단세포 미생물로, 형태가 고정되지 않고 배양조건과 상태에 따라 변할 수 있다. 일반적으로 균주의 조건에 따라 적당한 배지에서 20~24시간 배양 후 관찰하여 기본 형태를 판단한다. 형태는 크게 구균coccus, 간균bacillus, 나선균spirillum으로 나뉜다.

(1) 구균

구균은 종류에 따라 배열형태가 다른데, 이러한 배열 형태로 구균을 그림 6-1과 같이 구분할 수 있다.

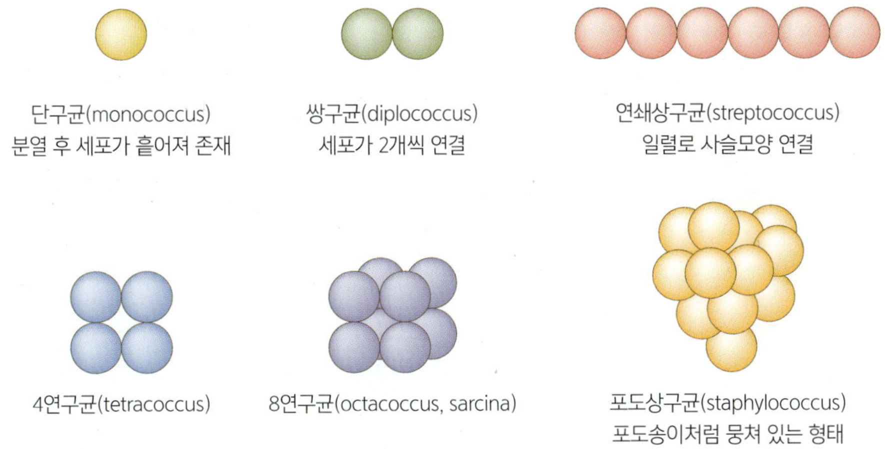

그림 6-1 구균의 형태

(2) 간균

간균은 막대기 형태로, 길이에 따라 단간균(길이가 폭의 2배 이하)과 장간균(길이가 폭의 2배 이상)으로 구분된다. clostridium형은 세포 중앙이 팽대하여 방추형태이고 plectridium형은 세포 끝이 팽대하여 곤봉형태이다. 간균이 연쇄형으로 배열되면 연쇄상간균으로 분류한다(그림 6-2).

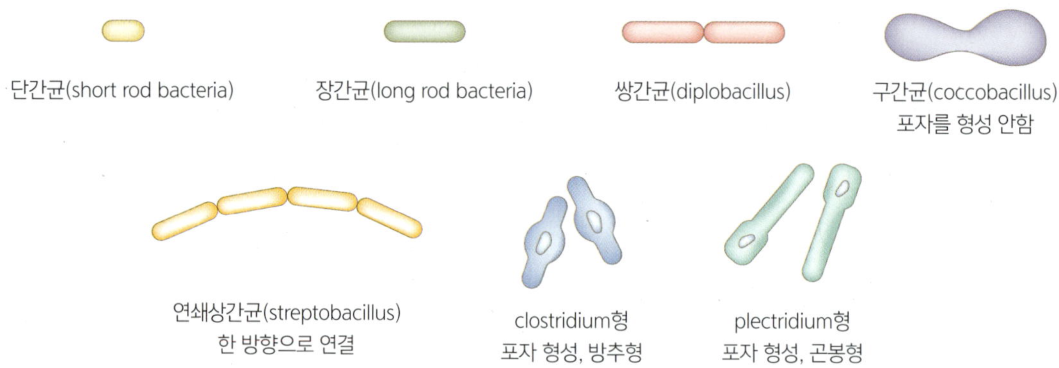

그림 6-2 간균의 형태

(3) 나선균

나선균은 주로 S자 형태 또는 여러 차례 꼬부라진 나선형이다(그림 6-3). 세포분열 후 개별적으로 흩어지며, 연속적인 배열은 드물다.

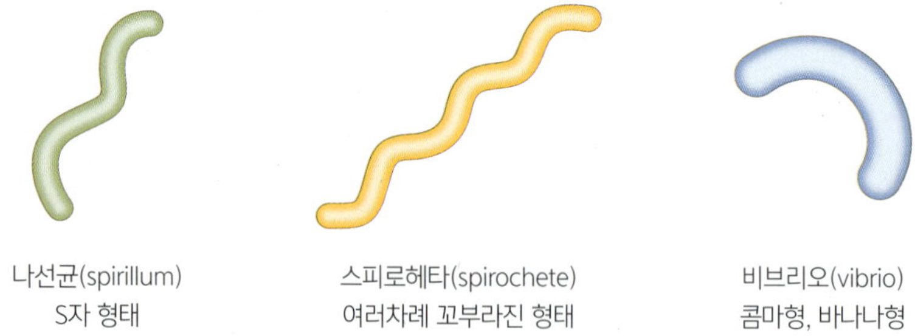

그림 6-3 나선균의 형태

2) 세균의 크기

세균은 사람의 육안으로 식별할 수 없으며, 크기는 주로 0.21 μm로 광학현미경을 통해 관찰할 수 있다(표 6-1). 일부 세균은 40 μm에 이르기도 하지만, 일반적으로 구균은 0.51 μm, 간균은 0.53 μm 정도이다. 이는 사람 머리카락 굵기(70,100 μm)의 약 1/50에서 1/100에 해당하는 크기이다.

표 6-1 세균의 크기

형태	균종	크기(μm, 길이×폭)
구균(coccus)	*Streptococcus lactis*	0.5~1.0
	Staphylococcus aureus	0.8~1.0
간균(bacillus)	*Escherichia coli*	0.5×1.0~3.0
	Pseudomonas fluorescens	0.3~0.5×1.0~1.8
	Bacillus subtilis	0.7~0.8×2.0~3.0
	Lactobacillus acidophilus	0.6~0.9×1.5~6.0
나선균(spirillum)	*Vibrio cholerae*	0.3~0.6×1.0~5.0
	Spirillum volutans	1.4~1.7×16.0~28.0

출처: 이종경 외, 식품미생물학, 파워북

3) 세균의 구조

세균은 원핵세포로 이루어진 단세포 생물로, 효모와 비슷해 보이지만 세포학적으로는 구조가 다르다(그림 6-4). 진핵세포인 효모와 곰팡이와 달리, 세균의 DNA는 핵막 없이 원형질에 노출된 상태로 존재한다. 세포는 세포막으로 둘러싸여 있으며, 외부에는 세포벽이 있어 독특한 형태를 형성한다. 세균의 운동기관인 편모flagella는 세포막에 부착되어 있으며, 단백질로 이루어진 섬유가 나선형으로 움직이며 세균을 이동시킨다.

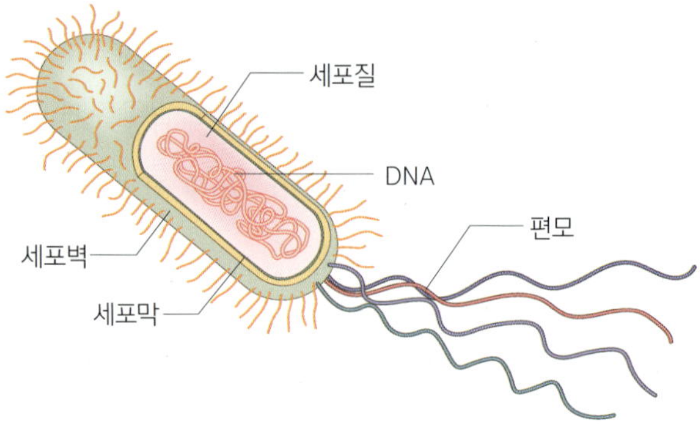

그림 6-4 세균의 구조

4) 세균의 증식

세균은 영양분이 풍부한 상태에서 이분법binary fission이라는 무성생식 방식으로 증식한다(그림 6-5). 이 과정에서 하나의 세포는 두 개의 딸세포로 분열된다.

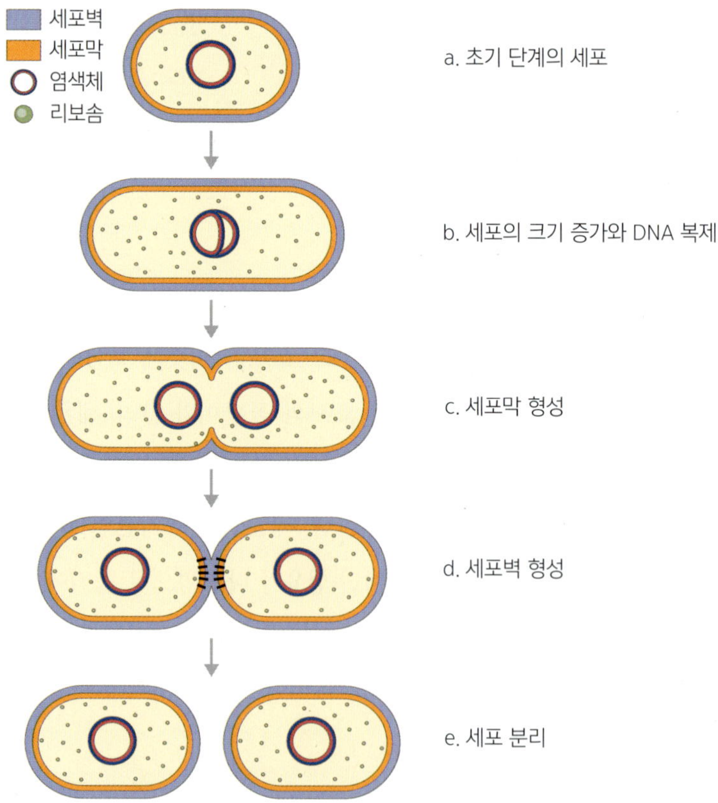

그림 6-5 세균의 영양증식(이분법)

(1) 증식 과정

DNA 복제가 시작되고, 세포 크기가 커진다. 세포 중앙에 격막이 형성되며, 세포막과 세포벽이 생성되며 최종적으로 세포가 분리되어 두 개의 딸세포로 나뉜다.

(2) 세대시간

세균이 한 번 분열하여 두 개의 딸세포로 나뉘는 데 *Bacillus subtilis*는 약 30분, *Vibrio cholerae*는 약 20분 걸린다. 이러한 빠른 증식은 환경 조건에 따라 달라지며, 세균의 개체수를 기하급수적으로 증가시킨다.

5) 세균의 포자 형성

세균은 영양분이 풍부한 상태에서는 영양증식을 하지만, 환경 조건이 나빠지면 내구성이 강한 포자를 형성하여 생존한다(그림 6-6). 주로 *Bacillus*속과 *Clostridium*속의 간균이 포자를 형성한다.

세균의 포자는 내생포자를 형성하며, 수분 함량이 적고 밀도가 높아 단단한 내구체를 이룬다. 건조와 가열 등 악조건에서도 장기간 생존 가능하다.

(1) 구조와 내구성

포자는 다층구조(포자외막, 포자막, 피층, 중심)로 이루어지며 피층은 칼슘이온과 디피콜린산dipicolinic acid의 복합체로 구성되어 강한 내열성과 내구성을 제공한다. 포자 형성 단계에서 DNA를 압축하여 자외선 등 외부 자극으로부터 돌연변이를 방지한다.

(2) 내열성

일부 세균의 포자는 150℃ 이상의 고온에서도 생존 가능하며, 휴면 상태로 수십 년간 생존하다가 적절한 환경이 되면 활성화된다. 포자 형성은 세균이 극한 환경에서 살아남기 위한 생존 전략이다.

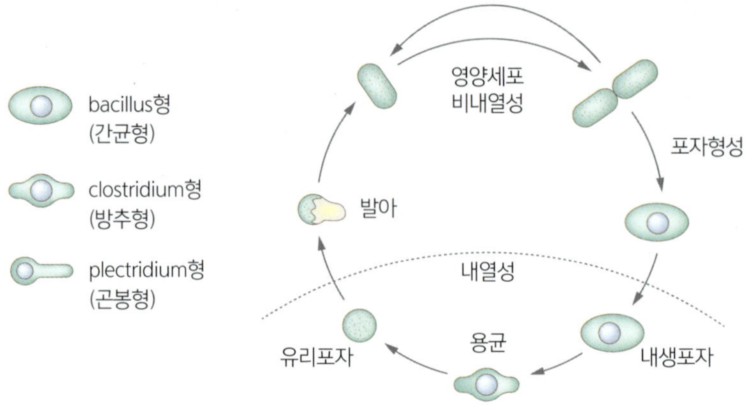

그림 6-6 포자 형성 세균의 생활사

2. 세균의 생태와 환경에서의 역할

세균은 유기물을 분해하여 탄소, 질소, 황 등의 영양소 순환을 돕고, 생물과 무생물 간 물질 전환을 조절하며 생태계 복원과 환경 정화에 기여한다.

1) 탄소 순환

- *Cianobacteria*속, *Prochlorococcus*속, *Synechococcus*속: 광합성을 통해 CO_2를 유기물로 전환하고 산소를 생성하여 탄소 순환에 기여한다.
- *Pseudomonas*속: 유기물, 석유, 중금속 등의 오염물질을 분해하여 토양과 수질 정화에 도움을 준다.

세균은 다양한 미생물 군집과 상호작용하며 생태계의 균형 유지와 영양소 재활용에 중요한 역할을 한다(그림 6-7).

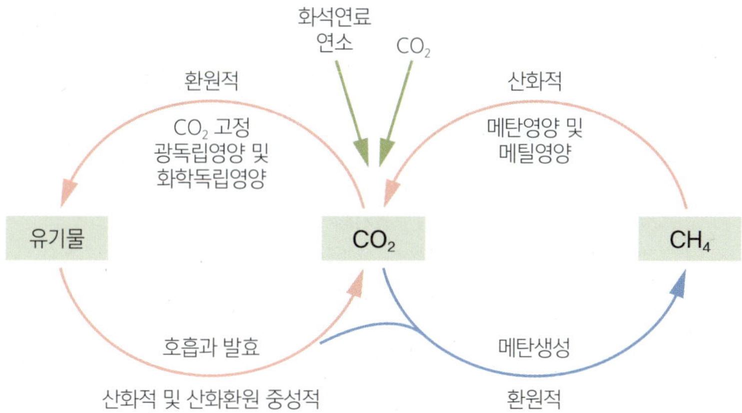

그림 6-7 미생물에 의한 탄소 순환

연두색 화살표는 유산소 조건에서 광독립영양 및 화학독립영양 미생물 활동에 의해 일어나고, 파란색 화살표는 무산소조건에서 일어나는 메탄생성과정이다. 붉은색 화살표는 유산소 및 무산소 조건에서 모두 일어난다.

2) 질소 순환

세균은 대기 중 질소를 고정하여 식물에 이용 가능한 형태로 전환하며, 농업 생태계에서 중요한 역할을 한다(그림 6-8).

(1) 질소 고정 세균

- *Azotobacter*속: 육상 생태계에서 질소를 고정한다.
- *Trichodesmium*속: 해양 생태계에서 질소를 고정한다.
- *Bacillus*속: 대기 중 질소N_2를 암모니아NH_3로 전환하여 식물에 질소를 고정한다.

이러한 질소 고정은 식물 생장에 필수적인 비료 역할을 하며, 생태계 내 질소 순환을 촉진한다.

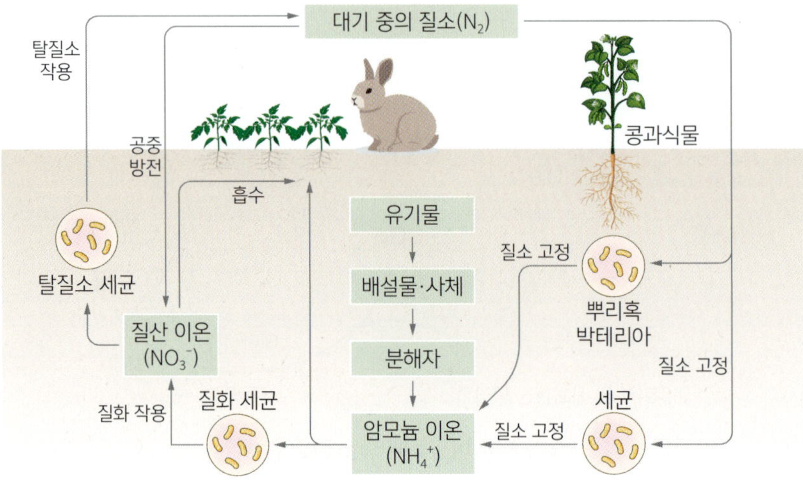

그림 6-8 미생물에 의한 질소 순환

3. 세균의 분류와 종류

세균은 다양한 특성을 가지며, 특정 성질을 기준으로 분류하는 절대적인 방법은 정해져 있지 않다. 분류 기준에 따라 세균은 형태, 그람염색, 산소 요구성, catalase 활성, 색소 생성, 편모 유무, 영양 요구성, 포자 형성 여부, 호염성 또는 내삼투압성, 탄소원 및 질소원 등 다양한 방법으로 분류될 수 있다. 일반적으로 세균을 연구하는 학자들이 이용하고 있는 분류법 지침서는 미국의 뷰캐넌R.E. Buchana과 기븐스N.E. Gibbons의 《Bergy's Manual of Determinative Barcteriogy》와 유럽의 프레보텔라Prevotella의 분류체계를 사용하고 있다. Bergey's의 《세균 분류 편람 8판》에서는 효소 및 그람염색에 대한 성질을 주요하게 다루었으며, 유전 및 생화학의 발전에 따라 DNA의 구아닌guanine, G과 사이토신cytosine, C 염기의 비율을 기재하는 것이 하나의 특징으로 자리 잡았다. 세균의 분류 방법에는 여러 가지가 있지만, 본 책에서는 그람염색, 산소 요구성, 포자 형성 여부, 그리고 편모의 유무를 기준으로 분류하는 방법을 설명하고자 한다.

1) 세균의 분류

(1) 그람염색

세균은 다양한 특성을 기준으로 그람양성균과 그람음성균으로 구분하며, 그람염색, 산소 요구성, 포자 형성 여부, 편모 유무 등에 따라 분류한다. 일반적으로 연구자들은 《Bergey's Manual of Determinative Bacteriology》를 활용하여 세균을 분류한다.

- 그람양성균: 두꺼운 펩티도글리칸층, 보라색 염색
- 그람음성균: 얇은 펩티도글리칸층과 외막, 분홍색 염색
- 염색 과정
  - ① 크리스탈바이올렛(1차 염색) → 요오드로 고정
  - ② 알코올로 탈색 후 사프라닌(2차 염색)

표 6-2 그람양성균과 그람음성균의 특성 비교

특성	그람 양성균	그람 음성균
염색 반응	보라색	분홍색
펩티도글리칸 층	두꺼움	얇음
세포벽 두께	두꺼움	얇음
세포벽 구조	단순 구조	복잡한 구조 (외막 존재)
리포다당류(LPS)	없음	존재함
독소 종류	주로 외독소	내독소 및 외독소
리소자임 작용	세포벽(펩티도글리칸) 분해	세포벽 분해 안 됨
항생제 민감성	페니실린에 민감	페니실린에 내성 있는 경우 많음 스트렙토마이신 효과적
대표균	*Staphylococcus*속, *Streptococcus*속	*Escherichia coli*, *Salmonella*속

(2) 산소 요구성

세균은 산소 요구도에 따라 다음과 같이 분류한다.

표 6-3 산소 요구성에 따른 분류

산소 요구성	특징	세균의 종류
편성호기성	산소가 반드시 필요하며, 산소가 없으면 생존 불가	*Mycobacterium tuberculosis* (결핵균)
미호기성	낮은 산소 농도(1~10%)에서만 생육 가능	*Helicobacter pylori* (위염 및 궤양 원인균)
통성혐기성	산소 유무에 관계없이 생육 가능 - 산소 있을 때: 호흡으로 에너지 생성 - 산소 없을 때: 발효나 혐기성 호흡으로 에너지 생성	*Escherichia coli* (대장균)
편성혐기성	산소가 있으면 사멸하거나 생장이 억제되며, 산소 없는 환경에서만 생존	*Clostridium botulinum* (보툴리누스균)

(3) 포자 형성 여부와 형태

포자 형성은 세균 분류의 중요한 지표로, 환경이 불리할 때 세균은 내생포자를 형성하여 생존한다. 내생포자는 세포 분열 없이 DNA 정보를 보호하는 구조로, 극한 환경에서도 오랫동안 생존할 수 있다. 포자의 모양과 위치에 따라 세균은 다음과 같이 분류된다.

표 6-4 포자 형태에 따른 분류

형태	특징	포자 형성 모양
bacillus형	영양세포 형태가 변하지 않고 포자를 형성	
clostridium형	포자가 세포 중앙에서 부풀어 올라 방추 형태를 형성	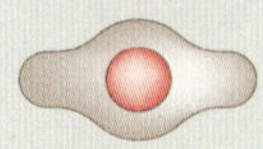
plectridium형	포자가 세포 끝에서 부풀어 올라 곤봉 형태를 형성	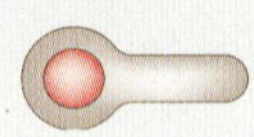

극한의 환경적 스트레스에 대한 높은 저항성을 제공한다. 이를 통해 세균은 열, 방사선, 건조, 화학물질 등의 불리한 조건에서도 장기간 생존할 수 있다.

(4) 편모의 유무와 형태

세균은 운동성 세균과 비운동성 세균으로 구분되며, 운동성 세균은 편모를 이용하여 이동한다. 편모는 특히 그람음성균에서 자주 관찰되며, 나선균 및 일부 간균에서 운동성을 나타내는 중요한 구조이다.

편모는 세포벽과 세포막을 관통하여 세포 외부로 돌출된 운동 기관으로, 회전 운동을 통해 세포의 이동을 가능하게 한다. 편모의 위치와 수는 세균 분류의 중요한 기준이 되며, 단극성 편모monotrichous, 양극성 편모amphitrichous, 주모성 편모lophotrichous, 그리고 주위성 편모peritrichous 등 다양한 형태로 관찰될 수 있다.

표 6-5 편모 형태에 따른 분류

형태	특징	세균의 종류
극모(monotrichous)	편모가 세포의 한쪽 끝에 하나만 위치	*Vibrio cholerae*
속극모(lophotrichous)	여러 개의 편모가 한쪽 끝에 뭉쳐 있는 형태	*Pseudomonas aeruginosa*
양모(amphitrichous)	양쪽 끝에 각각 편모가 존재	*Campylobacter jejuni*
주모(petritrichous)	편모가 세포 전체에 골고루 분포	*Salmonella* spp.

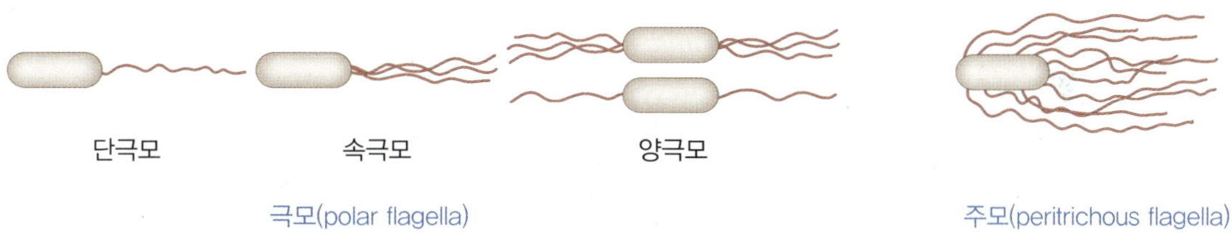

그림 6-9 편모의 형태

2) 주요 세균

(1) 그람양성 무포자 구균

① *Micrococcus*속

특징

- 호기성 또는 통성혐기성으로 catalase 양성이다.

- 염분이 높은 극한 환경에서도 생존 가능하며 최적생육 온도는 25~30℃이다.

주요 균

- *Micrococcus halodentrificans*
  - 가공육에서 질산염을 아질산염으로 환원하는 탈질소작용을 한다.
- *Micrococcus morrhuae*
  - 염장생선 및 염장육류에서 생육하는 호염성균이다.

② *Staphylococcus*속

특징

- catalase 양성을 나타내며, 세포가 포도송이 모양으로 배열된다.
- 이 균은 포도당을 혐기적으로 분해하여 발효할 수 있는 능력을 보유하고 있으며, 인간 및 동물의 피부와 점막에 상재하거나 병원성으로 작용할 수 있다.

주요 균

- *Staphylococcus aureus*
  - 대표적인 병원성 세균으로, 화농성 질환을 유발하며, 장독소enterotoxin를 생성하여 김밥, 빵, 떡 등 탄수화물 기반 식품에서 식중독을 일으킨다.
- *Staphylococcus epidermidis*
  - 인간의 피부와 점막에 상재하는 균으로, 일반적으로 병원성이 없지만, 면역 저하자의 경우 감염을 유발할 가능성이 있다.

③ *Streptococcus*속

특징

- 호기성 또는 통성혐기성으로 생육하며, catalase 음성을 나타낸다.
- 세균은 사슬 모양으로 배열되는 연쇄상구균 형태를 나타내며, 병원성균, 젖산발효균, 인체 공생균 등을 포함한다.

주요 균

- *Streptococcus lactis*
  - 젖산균으로 치즈와 요구르트 제조 시 스타터로 사용한다.

- *Streptococcus mutans*
  - 구강 내에 존재하며 치아우식증(충치)의 주 원인균 중 하나이다.
- *Streptococcus pneumoniae*
  - 폐렴구균으로 불리며 폐렴, 중이염, 수막염 등의 질병을 유발한다.

④ *Leuconostoc*속

특징

- *Leuconostoc*속은 헤테로hetero형 젖산균으로, 비운동성이며, 대부분 구균 형태를 가지지만 일부는 짧은 막대기 모양을 나타내는 종도 있다.

주요 균

- *Leuconostoc mesenteroides*
  - 김치와 치즈의 초기 발효 과정에서 젖산을 생성하여 pH를 낮추고, 유해 미생물의 성장을 억제하는 역할을 한다. 또한, 외부 다당류를 생성하여 발효식품의 점성과 질감에 영향을 미친다.

젖산균

젖산균은 당을 발효하여 50% 이상의 젖산을 생성하는 세균을 총칭이며 최종대사물에 따라 정상발효젖산균과 이상발효젖산균으로 구분된다.

	정상발효 젖산균(homo lactic acid bacteria)	이상발효 젖산균(hetero lactic acid bacteria)
주 발효산물	당류로부터 젖산만을 생성하는 젖산균	당류로부터 젖산뿐 아니라 에탄올, 이산화탄소, 아세트산 등 여러 부산물을 생성하는 젖산균
대사경로	EMP경로(해당경로)	PPP경로(오탄당 인산경로)
화학식	$C_6H_{12}O_6$ (포도당) → $2C_3H_6O_3$(젖산) + 2 ATP	$C_6H_{12}O_6$ (포도당) → $C_3H_6O_3$ (젖산) + C_2H_5OH (에탄올) + CO_2 (이산화탄소)
주요 젖산균	*Lactobacillus acidophilus* *Streptococcus thermophilus* *Lactococcus lactis* *Pediococcus pentosaceus*	*Leuconostoc mesenteroides* *Lactobacillus brevis* *Leuconostoc lactis* *Weissella cibaria* *Lactobacillus fermentum*

(2) 그람양성 내생포자 형성균

① *Bacillus*속

특징

- *Bacillus*속 유포자 간균으로, 호기성 또는 통성혐기성이며, catalase 양성을 나타낸다.
- 이 속의 세균은 자연환경(토양, 물, 공기)에 널리 분포하며, 단백질과 전분분해효소(아밀라아제, 프로테아제, 리파아제)를 생성하여 식품의 변질과 발효에 관여한다.
- 발효 콩 제품인 낫토natto에서는 다당류EPS의 생성으로 인해 끈적임과 점성이 나타나며, 점질화ropiness 현상이 유발된다.

주요 균

- *Bacillus cereus*
  - 독소를 생성하여 볶음밥 증후군 등 식중독을 유발할 수 있다.
- *Bacillus anthracis*
  - 탄저병을 유발하는 병원성 세균이다.
- *Bacillus natto*
  - 청국장 제조에 사용되며, 아밀라아제와 프로테아제를 분비하여 소화율을 향상시킨다. 또한, 끈끈한 점질물을 생성하는 특징이 있다.
- *Bacillus subtilis*
  - 고초균은 86~90℃의 고온에서도 활성을 유지하는 아밀라아제와 프로테아제를 생성하며, 빵의 부패 과정에서 ropiness 현상을 유발할 수 있다.

ropiness

발효 식품, 특히 낫토natto와 같은 발효 콩 제품에서 나타나는 끈적임이나 점성을 의미한다. 이는 발효 과정에서 특정 미생물이 다당류exopolysaccharides, EPS를 생성하기 때문에 발생하는 현상이다.

② *Clostridium*속

특징

- 간균으로, 편성혐기성이며 catalase 음성을 나타낸다.
- 단백질을 분해하거나 탄수화물을 발효하여 초산, 낙산, 알코올 등의 물질을 생성한다.

주요 균

- *Clostridium botulinum*
  - 보툴리눔 독소를 생성하며, 부패한 식품에서 독소가 발생하여 보툴리누스 중독을 유발할 수 있으며, 신경독소로 작용하여 신경 마비를 일으킨다.
- *Clostridium perfringens*
  - 대량 조리된 육류 식품에서 식중독을 자주 일으키는 대표적인 균이다.
- *Clostridium butylicum*
  - 탄수화물을 발효하여 낙산butyric acid을 생성하며, 치즈와 단무지에서 분리된다. 또한, 운동성을 가진다.
- *Clostridium tetani*
  - 파상풍을 유발하는 세균으로, 신경계를 공격하는 강력한 신경독소를 생성한다.
- *Clostridium difficile*
  - 항생제 복용 후 설사 및 장염을 유발하는 균으로, 특히 소아에서 흔히 발생한다.

(3) 그람양성 무포자 간균

① *Lactobacillus*속

특징

- catalase 음성이며, 통성혐기성으로 산소의 유무와 관계없이 생육이 가능하다.
- 일부는 미호기성으로 분류되며, 젖산 생성을 통해 유제품 발효에 주로 활용된다.
- 생육 과정에서 비타민, 아미노산, 펩타이드를 요구한다.

주요 균

- *Lactobacillus acidophilus*
  - 요구르트 및 프로바이오틱스 제품에 활용되며, 장내 이상 발효를 억제하고 정장 작용을 돕는다. 또한, 유당 분해 능력이 우수하다.
- *Lactobacillus casei*
  - 치즈 숙성에 활용되며, 소화기 건강 증진에 기여한다. 또한, 발효식품에서 pH를 안정화하는 역할을 한다.
- *Lactobacillus bulgaricus*
  - 요구르트 제조에 필수적인 균주로, 젖산을 빠르게 생성하여 pH를 낮추는 역할을 한다.
- *Lactobacillus plantarum*
  - 김치, 피클 등 발효 채소의 후기 발효에 관여하며, 산성 환경에서도 잘 자란다. 또한, 발효 식품의 풍미를 강화하는 역할을 한다.
- *Lactobacillus brevis*
  - 김치 발효의 후기 과정에 관여하며, 젖산 외에도 다양한 유기산을 생성하며 이를 통해 풍미를 향상시키는 역할을 한다.
- *Lactobacillus homohiochii*
  - 사케 및 와인 발효 과정에서 과도한 산 생성으로 인해 백탁 현상과 산패를 유발할 수 있다.

(4) 그람음성 호기성 간균

① *Acetobacter*속

특징

- 편성호기성 간균으로, 에탄올을 산화하여 초산을 생성하는 초산균이다.
- 초산발효는 산화 발효oxidative fermentation의 일종이며, 에탄올 1 L를 초산으로 전환하기 위해 상당량의 산소가 필요하다. 이론적으로는 약 8 m^3의 산소가 필요하다고 보고된 바 있다.

- 액체배지에서 피막을 형성하며, 고온(40℃ 이상)에서는 변이를 일으킬 수 있다.
- 최적 온도는 30℃, 최적 pH는 3.5~6.5이다. *Acetobacter*속은 주정음료 공정에서 주정을 감소시키는 유해균이 될 수 있다.

주요 균

- *Acetobacter aceti*
  - 식초 양조에 주로 이용되던 균이다.
- *Acetobacter schutzenbachii*
  - 고농도의 에탄올 용액에서 생존하고 초산 발효속도가 매우 빨라 식초 발효공업에 이용된다.
- *Acetobacter ascendans, Acetobacter xylinum*
  - 식초 발효액에 혼탁, 초산을 과산화하는 유해균이다.
- *Acetobacter viniacetati*
  - 포도주 발효에 이용되는 균이다.

② *Gluconobacter*속

특징

- 그람음성균에 속하는 초산균 중 하나로, 당류 및 알코올을 부분 산화하는 능력이 뛰어나다.
- 주로 산업적으로 활용되며, 포도당의 산화 반응을 통해 다양한 유용 물질을 생성한다.

주요 균

- *Gluconobacter oxydans*
  - 포도당에서 생성된 sorbitol을 산화하여 비타민 생성 전 단계인 L-sorbose로 전환시키며 상업적으로 널리 활용된다.

- *Gluconobacter roseus*
  - *Glu. oxydans*와 유사하게 L-소르보스L-sorbose를 생성하지만, 색소를 생성하는 특성을 지니며 주로 연구 목적으로 활용된다.
- *Gluconobacter*속
  - 포도당을 산화시켜 글루콘산gluconic acid을 생성하기도 한다.

이 과정은 세포막에 위치한 글루코스 탈수소효소glucose dehydrogenase에 의해 일어난다. 글루콘산은 식품 산업에서 산도 조절제나 금속 세정제로 사용되며, 제약 산업에서도 유용하다.

③ *Pseudomonas*속

특징

- 극모를 가진 운동성 간균으로, 단수, 해양, 토양에 널리 분포하며, 형광색(녹색, 청색, 보라 등) 수용성 색소를 생성한다.
- 호냉균으로 단백질과 유지 분해력이 강해 어패류 부패에 관여하며, 탄화수소와 방향족 화합물을 분해하여 공업폐수 처리에 활용된다.
- Aw 0.97~0.98을 요구하며, 고염 또는 건조 식품에서는 증식이 어렵다.

주요 균

- *Pseudomonas fluorescens*
  - 형광 색소를 분비하여 자외선 하에서 특유의 형광을 발현한다.
- *Pseudomonas aeruginosa*
  - 청색 색소인 피오시아닌pyocyanin을 생성하며, 식품 부패 및 우유의 청변 현상을 유발한다.

(5) 그람음성 통성혐기성 간균

① *Proteus*속

특징

- 중온성 간균이며 주모를 가져 운동성이 있다. 단백질 분해력이 강하다.

주요 균

- *Proteus morganii*(*Morganella morganii*)
  - 식품에서 증식하며 히스타민으로 전환해 알러지성 식중독을 유발한다.

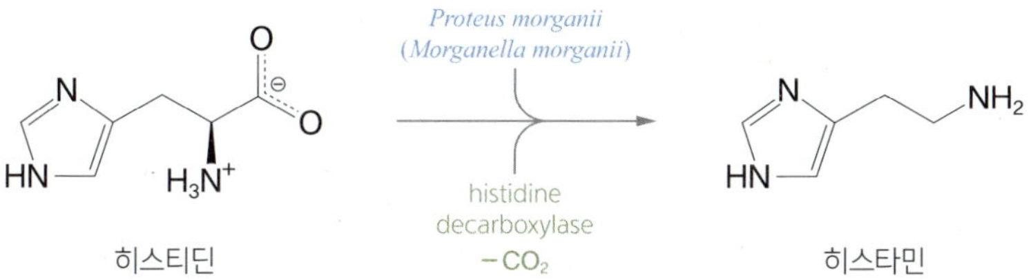

② *Escherichia*속

특징

- 식품의 오염 지표균인 대장균군으로, 포유동물의 대장에서 서식한다.

주요 균

- *Escherichia coli*
  - 유당을 분해하며 CO_2와 H_2를 생성한다. 또한, 장내에서 비타민 K를 생성하고 혐기적 환경을 조성하는 역할을 한다.
- *Escherichia coli* O157:H7는 식중독을 유발하는 병원성 대장균이다.

③ *Salmonella*속

특징

- 무아포성 간균으로 주모성 편모를 보유하며 포도당은 발효하지만 유당은 분해하지 못한다.

주요 균

- *Salmonella typhi*
  - 장티푸스의 원인균으로, 오염된 물과 음식을 통해 감염되며 사람 간 전파가 가능하다.
- *Salmonella typhimurium*
  - 가금류와 계란이 주요 원인이 되는 살모넬라 식중독균이다.

④ *Shigella*속

특징

- 비운동성의 무포자 간균으로 적은 균수로도 식중독이 유발된다.

주요 균

- *Shigella dysenteriae*
  - 세균성 이질균이다.

⑤ *Vibrio*속

특징

- 무포자 간균으로 짧은 극모를 보유하며, 콜레라균과 장염비브리오균을 포함한다.

주요 균

- *Vibrio cholerae*
  - 콜레라균이다.
- *Vibrio parahaemolyticus*
  - 호염성 세균으로, 어패류를 통해 감염되어 식중독을 유발하는 장염비브리오균이다.

⑥ *Yersinia*속

특징

- 동물의 장관과 하천등에 분포하며 개, 돼지, 고양이등의 분변이 문제가 된다.동물과의 접촉이나, 오염된식품과 물에 의해 감염될 수 있다.

주요 균

- *Yersinia enterocolitica*
  - 주모성 편모를 가지나 37℃에서 운동성이 소실된다. 이 균은 냉장 온도(4~44℃)에서도 증식 가능하며, 진공포장 식품에서 식중독의 원인이 된다.
- *Yersinia pestis*
  - 흑사병의 원인균이다.

(6) 그람음성 미호기성 나선균

① *Camphyobacter*속

특징

• 미호기성 나선균, 3~5%의 산소 농도에서 증식하며, 소의 전염성 유산, 가축의 태반염 및 설사의 원인균이다.

주요 균

• *Campylobacter jejuni*

– 캠필로박터 식중독균으로 길랭–바레 증후군(말초신경염증)을 유발한다.

표 6-6 그람양성균

세균(속)명	구분	주요 균	특성과 응용
*Micrococcus*속	구균	*Mc. halodentrificans*	질산염을 아질산염으로 환원, 염고기 색깔 변색 부패균 점질물 생성
		Mc. morrhuae	염장 생선 및 육류에서 생육
*Staphylococcus*속	포도상구균	*S. aureus*	인체 피부, 비강 등 발견되는 포도상구균 흔한 독소형 식중독균
*Streptococcus*속	연쇄상구균	*Sc. thermophilus*	요구르트 스타터, 내열성
		Sc. latis	치즈 및 버터의 제조 스타터
		Sc. mutans	충치의 원인균
*Leuconostoc*속	구균	*Leu. mesenteroides*	김치 초기 발효, 덱스트란이라는 점질물 생성
*Bacillus*속	호기성 포자 형성 간균	*B. subtilis*	내열성 아밀라제, 프로타아제 생성 장류, 주류 산업, 빵 부패(점질물)
		B. natto	아밀라아제, 프로테아제 활성 높음 청국장에 이용, 점질물 생성
		B. coagulans	병조림, 통조림 등 고열에 내성 부패균(통조림 flat sour 원인)
		B. stearothermophilus	병조림, 통조림 등 고열에 내성 부패균(통조림 flat sour 원인)
		B. circulans	병조림, 통조림 제품에서 발견될 수 있는 고열(열처리) 내성 부패균
		B. cereus	식중독균(설사형, 구토형)
		B. anthracis	탄저병 유발균
*Clostridium*속	혐기성 포자 형성 간균	*Cl. botulinum*	보툴리누스 독소 생성 (신경독, 치사율 높음)
		Cl. perfringens	주로 육류에서 식중독을 유발

세균(속)명	구분	주요 균	특성과 응용
*Lactobacillus*속	미호기성 간균	*L. delbrueckii*	정상 젖산 발효
		L. acidophilus, *L. bifidus*	정상 젖산 발효, 정장제 제조
		L. bulgaricus	요구르트 제조에 사용되는 주요 스타터 유산균, 버터나 기타 발효유 제품의 스타터로도 활용
		L. casei	치즈 숙성에 관여
		L. plantarum	김치 발효 후기
		L. brevis	김치 발효 후기, 이상 젖산 발효균
		L. sake	청주 발효 젖산균
		L. homohiochi	청주 백탁을 일으키는 화락균
		L. thermophilus	내열성, 우유 부패 원인균
*Corynebacterium*속	호기성 간균	*Co. diphtheriae*	디프테리아 원인균
		Co. glutamicum	글루탐산, 아미노산 생성
*Pediococcus*속	4연구균	*P. halophilus*	간장, 된장, 어장(젓갈) 등 고염성 젖산균
		P. cerevisiae	맥주 혼탁 원인균
*Listeria*속	간균	*L. monocytogenes*	냉장온도에서 증식하는 치명적인 식중독 리스테리아증(listeriosis)세균
*Mycobacterium*속	간균	*M. bovis* *M. tuberculosis*	인간 및 동물 모두에서 결핵을 유발 열처리되지 않은 우유(비살균 우유)나 오염된 유제품 섭취를 통해 인간에게 결핵감염
*Sarcina*속	8연구균	*S. ventriculi*	냉장하지 않은 식품에서 부패 유발 고산도 식품이나 부패한 식품에서 이상 발효 및 품질 저하 유발 성장 중에 노란색 색소를 생성함

표 6-7 그람음성균

세균(속)명	구분	주요 균	특성과 응용
*Acetobacter*속	호기성 간균	*A. aceti*	식초(초산 발효)와 양조(알코올 발효)에 이용되는 균
		A. schutzenbacii	초산 발효 속도가 빠르며, 식초 발효 공업에 활용
		A. xylinum	식초 발효 과정에서 유해한 피막을 형성, 점질물 생성균
		A. viniacetati	포도주 제조에 이용되는 균
*Pseudomonas*속	호기성, 저온간균	*Ps. fluorescens*	냉장 식품 부패의 주요 원인균 끈적끈적한 점질물(slime) 형성, 변색, 악취 유발
		Ps. aeruginosa	녹농균, 청색색소, 우유 청변 원인균

세균(속)명	구분	주요 균	특성과 응용
*Pseudomonas*속	호기성, 저온간균	*Ps. syncyanea*	우유 청변 원인균
		Ps. putida	글루콘산 생성
*Proteus*속	호기성 간균	*P. morganii*	히스타민(알레르기 원인 물질)을 생성하는 식중독 유발균
		P. vulgaris	단백질 분해, 우유의 산패와 점질물 생성 유발균
*Escherichia*속	간균	*E. coli*	대장균, 식품 오염 지표균
		E. coli O157:H7	혈변, 설사, 요독증후군, 장출혈성병원성대장균
*Salmonella*속	간균	*S. typhi*	장티푸스균
		S. typhimurium	가금류, 소, 돼지 등에서 발견되는 식중독 유발균
		S. enteritidis	주로 달걀에서 발견되는 식중독 유발균
*Campylobacter*속	나선균	*C.jejuni* (*C.coil*)	가금류 식중독균, 미호기성균, 길랑바레증후군 유발균
*Achromobacter*속	간균	저온균	육류, 가금류, 수산물 저온부패 유발균
*Flavobacterium*속	호기성 간균	저온균	낮은 온도(0~10℃)에서도 생장 가능 냉장 식품(특히 어류, 해산물) 부패 유발균
*Alcaligens*속	간균	*A. viscolatis*	생유와 육류 부패 원인균
*Bacteriodes*속	혐기성 간균	*B. fragilis*	인간과 동물의 장관에서 생육하는 혐기성균 육류 부패 유발균
*Brucella*속	간균	*B. abortus*	인간과 동물에 브루셀라병 유발균
*Shigella*속	간균	*S. sonnei*	이질성 설사를 유발, 오염된 식수를 통해 감염
*Cronobacter*속	간균	*C. sakazakii*	분유에서 발견 유아에게 뇌수막염과 식중독을 유발하는 균
*Serratia*속	호기성 간균	*S. marcescens*	어묵과 우유의 부패를 유발, 적변 현상을 일으킴
*Vibrio*속	콤마균, 편성 호염성	*V. parahaemolyticus*	장염비브리오균, 해산물 식중독균
		V. vulnificus	패혈증균, 간질환 환자에 치명적인 균 주로 날어패류 섭취를 통해 감염
*Yersinia*속	간균	*Y. enterocolitica*	동물, 토양, 물, 돼지고기 식중독균

(7) 방선균

방선균actinomycetes은 토양에 널리 분포하는 세균으로, 토양 특유의 냄새(흙냄새)의 주요 원인균이며, 토양 내 총세균수의 약 10~40%를 차지한다. 이들은 실 모양의

사상 균사를 형성하고, 균사가 분지하여 방사상으로 성장하는 특징을 가진다. 세포의 지름은 약 0.3~1.0 ㎛로 매우 미세한 편이다. 분류학적으로는 세균에 속하며, 이분법binary fission을 통해 증식한다.

방선균은 외생포자를 형성하는 종과 형성하지 않는 종으로 나뉘며, 형태학적으로는 원핵세포prokaryotic cell에 해당한다. 세포벽을 가지며, 그람양성세균gram-positive bacteria과 유사한 구조를 지닌다. 세포벽의 주요 성분은 뮤코복합체muco-complex이며, 테이코산teichoic acid을 포함하고 있다.

방선균은 다양한 항생물질을 생산하는 것으로 알려져 있어 산업적으로 매우 중요한 의미를 가진다. 실제로 의약품 및 생물학적 제제의 원료로 활용되는 항생제의 상당수가 방선균에서 유래하였다.

그림 6-10 방선균의 형태와 포자 모양

① *Streptomyces*속

특징

- 배지 표면에서 자라는 영양균사vegetative mycelium와 공기 중으로 성장하는 기균사aerial mycelium를 형성하며 이들 균사는 균주의 특성에 따라 연쇄상 또는

단독 형태의 분생포자conidiophore나 포자낭sporangium을 형성한다.

- 영양균사는 증식 후기에 다양한 형태로 분화하고 일부는 균사가 잘려서 구균 또는 간균 형태의 세포로 분리되며, 이는 노카르디아nocardia형으로 불린다.
- 균사가 전 생애 동안 기균사 형태로 유지되다가 성숙기에 잘려 분생자conidia로 전환되는 유형은 streptomyces형이라 하며 이들은 다양한 형태의 연쇄상 포자를 생성하며, 포자의 배열 형태는 직선상, 굴곡상, 다발상, 나선상, 윤생상 등으로 매우 다양하다.
- 포자의 형태는 구형, 난형, 원통형이 있으며, 포자 표면은 돌기(가시)형 또는 평활형으로 되어 있는데 이러한 특징은 종species 구분의 중요한 기준이 된다.
- 항생물질을 생산하며, 항생제 제조에 산업적으로 중요한 역할을 하며 토양이나 식품에서 나는 특유의 흙냄새를 유발하는 주요 원인균이기도 하다.
- 생물학적 및 산업적 측면 모두에서 매우 중요한 미생물 균이다.

주요 균

- *Streptomyces griseus*
  - 프로테아제protease(단백질분해효소)를 생산한다.
  - 효소제, 단백질 분해에 활용된다.
- *Streptomyces olivaceus*
  - 비타민 B_{12}를 생산한다.

② *Actinomyces*속

특징

- 편성혐기성 또는 미호기성의 그람양성세균으로, 균사가 분지되어 엉킨 실타래와 같은 형태로 생육한다.
- 생육이 진행되면 균사체는 분절되어 간상rod-shaped 또는 구상coccus-shaped 세포로 전환되며, 일반적으로 포자를 형성하지 않는다.

주요 균

- *Actinomyces israelii*
  - 사람에게 방선균병actinomycosis을 유발하며, 유사하게 *Streptomyces*속 일부

균주도 동물이나 인간에게 감염을 일으킬 수 있다.

- 이들 균은 병원성 방선균으로 분류된다.

③ *Nocardia*속

특징

- 호기성 그람양성 방선균으로, 토양에서 흔히 발견되며 기회감염의 원인이 될 수 있다.
- 산소를 필요로 하고, 균사가 분절되며 마치 막대기나 구슬이 이어진 모양을 띠기도 한다.
- 일부 종은 약한 산-알코올 내성weak acid-fastness을 나타내는 특징이 있어 진단 시 중요한 지표로 활용된다.

주요 균

- *Nocardia asteroides*와 *Nocardia brasiliensis*
  - 호흡기 감염, 피부 감염, 심한 경우 뇌농양 등 전신 감염을 유발할 수 있으며 면역저하 환자에게 감염 위험이 크다.

4. 세균과 식품

그람양성균과 그람음성균을 비롯한 다양한 중요한 세균을 이해하고, 식품에서 식중독을 유발하는 균의 특성과 영향은 다음과 같다.

1) 그람양성균

그람양성균은 두꺼운 펩티도글리칸층을 가지고 있다. 그람염색 시 보라색이며, 외막outer membrane이 없다. 반면에, 그람음성균은 얇은 펩티도글리칸층을 가지며 그람염색에서 분홍색을 나타낸다. 그람양성균의 대표적인 속으로는 *Bacillus*속, *Clostridium*속, 젖산균 등이 있다.

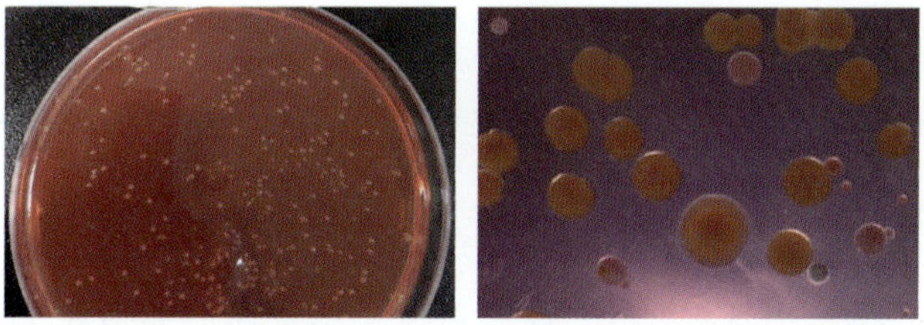

그림 6-11 MYP 배지에서 환을 형성하는 *Bacillus cereus*

(1) *Bacillus*속

① *Bacillus cereus*

그람양성, 호기성 또는 통성혐기성 간균이며, catalase 양성으로 구토형과 설사형이 있다. 구토형은 잠복기 1~6시간 후 구토, 일부 설사, 간혹 발열 증상을 유발하며, 구토형 독소emetic toxin에 의한 열안정 독소가 원인이다. 설사형은 잠복기 6~24시간 후 설사, 복통, 일부 구토 증상을 나타내며, 장독소enterotoxin에 의한 열에 민감한 독소가 원인이다.

② *Bacillus subtilis*

건초, 토양, 지푸라기 등에서 발견되며, α-아밀라아제α-amylase와 프로테아제protease를 생성해 전분과 단백질을 분해한다. 이 균은 MYP 배지에서 분홍색 혼탁환을, PEMBA 배지에서 청록색 집락을 형성한다.

③ *Bacillus natto*

청국장 및 나또 제조에 사용되며, 강력한 아밀라아제와 프로테아제로 콩 단백질을 가수분해하여 소화성을 증대하며 점질을 생성해 청국장 특유의 냄새를 낸다.

④ *Bacillus coagulans*

고온에서 생육하며, 내열성 포자를 형성하는 특징을 가지며, 병조림 및 포장 가열식품에서 산패현상을 유발하며, 부패의 원인이 된다.

⑤ *Bacillus megaterium*

*Bacillus*속 중 가장 큰 크기를 가지는 균으로, 비타민 B_{12}를 생산한다.

⑥ *Bacillus stearothermophilus*

50~65℃의 고온 환경에서 생육하며, 통조림 부패flat sour를 유발하는 주요 균주이다.

⑦ *Bacillus circulans*

전분질 식품, 소시지, 어육, 생선, 연유 등에서 검출되며, 부패를 일으킬 수 있는 균이다.

표 6-8 *Bacillus*속 정리

세균(속)명	구분	주요 균	특성과 응용
*Bacillus*속	미호기성 간균	*B. cereus*	식중독균(설사형, 구토형)
		B. subtilis	내열성 amylase, protase 장류, 주류, 빵의 부패(점질화)
		B. natto	amylase, protase, 청국장
		B. coagulans	병조림, 통조림 등 고열 부패균(flat sour)
		B. stearothermophilus	병조림, 통조림 등 고열 부패균(flat sour)
		B. circulans	병조림, 통조림 등 고열 내성 부패균(flat sour) 소시지, 어묵, 생선, 연유
		B. megaterium	vitamin B_{12} 생산

(2) *Clostridium*속

① *Clostridium botulinum*

그람양성, 주모성, 편성혐기성 포자형성균으로, catalase 음성을 나타낸다. 포자는 120℃에서 10분 이상 멸균해야 사멸되며, 일부 독소(A, B, F형)는 100℃에서 6시간 이상 가열해야 파괴된다. 신경독소botulinum toxin를 생성하여 아세틸콜린 유리를 저해, 신경마비를 유발한다. 원인 식품은 햄, 소시지, 병조림 채소와 과일, 통조림 어육 및 육류 등에서 주로 발생한다. 구역질, 구토, 설사 후 신경마비(복시, 시력저하, 언어장애, 호흡곤란 등) 증상이 나타나며, 발열은 동반하지 않는다.

② *Clostridium perfringens*

*Clostridium welchii*로도 불리며, 레시티나아제 양성을 보이는 식중독균이다. 육

류, 육가공품, 어패류 및 그 가공품에서 주로 발생하며, 집단급식에서 식중독과 부패의 주요 원인균이다.

③ *Clostridium butylicum*

당류를 발효하여 낙산, CO_2, H_2를 생산하며, 운동성이 있는 방추형 포자를 형성한다. 원인 식품은 치즈, 단무지 등 발효식품에서 분리되며, 유사한 특성을 가진 *Clostridium saccharobutylicum*도 포함된다.

④ *Clostridium sporogenes*

혐기성 조건에서 육류 부패균으로 작용하며, 강력한 내열성 포자를 형성한다. 통조림 부패를 유발하는 주요 원인균이다.

표 6-9 *Clostridium*속 정리

세균(속)명	구분	주요 균	특성과 응용
*Clostridium*속	혐기성 포자 형성 간균	*Cl. botulinum*	• 열에 강하고 통조림 식중독균 • 독소형 신경독인 뉴로톡신 생성 • 치사율 높음
		Cl. perfringens	• 주로 육류의 식중독
		Cl. butylicum	• 치즈, 단무지
		Cl. sporogenes	• 혐기성 조건의 부패균(통조림)

(3) *Staphylococcus*속

① *Staphylococcus aureus*

그람양성, 호기성 또는 통성혐기성 구균으로, 편모가 없고 무아포균이며 비운동성을 나타낸다. 내염성(7.5% 소금 배지에서 생육)이 강하여 최적 발육온도는 30~37℃이다.

엔테로톡신을 생성하며, 분자량(M.W.)이 27,000~34,000인 단순 단백질이다. 독소는 내열성이 매우 강해 218℃에서 30분 이상 가열해야 파괴되지만, 균 자체는 80℃에서 10분 가열로 사멸된다. 만니톨을 분해하며, coagulase(혈장응고효소) 양성을 나타내는 균이다.

(4) *Lactobacillus*속

당을 발효하여 젖산을 생성하는 동형 발효균homo lactic acid과 젖산 외에 에탄올, 이산화탄소, 초산 등을 생성하는 이형 발효균hetero lactic acid으로 나뉜다.

- 동형 발효균: 젖산만 생성하며 대표적으로 *Streptococcus*속, *Pediococcus*속, *Sporolactobacillus*속이 있다.
- 이형 발효균: 젖산 외에도 에탄올, 초산, 이산화탄소 등을 생생성하는 이형 발효균이며, 대표적으로 *Leuconostoc*속이 있다.

(5) *Propionibacterium*속

당류나 젖산을 발효하여 프로피온산, 초산, CO_2 등을 생산하는 그람양성 혐기성균이다.

운동성이 없고 catalase 양성인 단간균 또는 구균 형태의 균이다. 스위스 에멘탈 치즈는 *Propionibacterium shermanii*에 의해 발효된다.

(6) 젖산균

① 젖산 제조

전분당화액이나 당밀을 원료로 하여 *Lactobacillus delbrueckii*를 이용해 젖산을 생산한다. 이 균은 catalase 음성의 간균으로 50℃에서 정상 발효를 한다. 우유나 유청을 발효할 때 *Streptococcus cremoris*, *Streptococcus lactis*, *Lactobacillus bulgaricus*, *Lactobacillus acidophilus*, *Lactobacillus casei* 등 정상 발효균이 주로 사용된다.

② 젖산균 함유 식품 및 활용

- 유산균 제제(정장제): 사용 균주는 *Streptococcus faecalis*, *Lactobacillus bifidus*, *Lactobacillus acidophilus*이며 장내 이상발효 억제와 정장작용을 한다.
- 청주 및 주류 양조: 일본 청주 양조 시 밑술 배양 단계에서 유산균을 활용하여 잡균 번식을 억제하고, 효모가 잘 자랄 수 있는 적합한 환경을 조성한다.
  - 사용 균주: *Leuconostoc mesenteroides*, *Lactobacillus sake*

③ 유제품 제조

치즈 제조 시 스타터로 *Streptococcus lactis*, *Streptococcus cremoris* 사용하며, 숙성 과정에서 *Lactobacillus casei*와 *Lactobacillus plantarum* 사용된다. 파마산 치즈 제조 시 초기에는 *Lactococcus lactis*, 후기에는 *Lactobacillus bulgaricus*가 사용된다.

표 6-10 주요한 그람양성균

세균(속)명	구분	주요 균	특성과 응용
*Lactobacillus*속	미호기성 간균	*L. delbrueckii*	젖산
		L. acidophilus	유제품, 정장제
		L. bifidus	유제품, 정장제
		L. bulgaricus	요구르트, 버터
		L. casei	치즈
		L. plantarum	김치 발효(말기), 우유, 치즈, 버터, 케피어(kefir), 발효감자, 곡물, 사워도우(sourdough), 침채류, 토마토, 차, 엔실리지(사일리지)
		L. brevis	김치
		L. lactis	치즈
		L. sake	청주, 막걸리
		L. homohiochi	청주백탁균(화락균)
		L. heterohiochi	청주백탁균(화락균)
		L. thermophilus	우유 부패균, 내열성 요구르트 발효균
*Leuconostoc*속	구균	*Leu. mesenteroides*	김치 발효(초기), 청주나 주류 배양 밑술(잡균 제거)
*Streptococcus*속	연쇄상 구균	*Sc. thermophilus*	요구르트 starter, 내열성
		Sc. lactis	치즈, 버터 starter
		Sc. cremoris	치즈, 버터 starter
*Pediococcus*속	4연구균	*P. soyae*	간장
		P. halophilus	내(호)염성 유산균, 간장, 된장
		P. cerevisiae	맥주 혼탁 부패균

④ 김치와 장류 제조

김치의 신맛은 유산균 발효로 생성된 젖산에서 기인한다. 발효 초기에는 *Leuconostoc mesenteroides*, 말기에는 *Lactobacillus plantarum*, *Lactobacillus brevis*

가 주요 균주로 작용한다. 장류의 고유한 향미는 *Pediococcus sauya* 등 유산균에 의해 형성된다.

⑤ 덱스트란 제조

*Leuconostoc mesenteroides*는 설탕을 이용하여 덱스트란dextran을 생성하며, 깍두기 숙성 시 국물의 점도를 높이는 원인이 된다. 또한, 김치가 발효될 때 나오는 걸쭉한 국물 형태인 덱스트란은 인공혈장으로도 활용된다.

⑥ 비타민 생산

*Lactobacillus leichmannii*는 비타민 B_{12}를 생산하는 균주이다.

⑦ 식품 부패

*Lactobacillus homohiochii*와 *heterohiochii*는 청주를 부패시키고, *Pediococcus cerevisiae*는 맥주를 탁하게 만들고 pH를 낮추며, 악취를 유발하는 균이다. 우유의 산패균인 *Lactobacillus thermophilus*는 내열성이 높아 저온 살균 과정에서도 생존할 수 있다.

(7) *Propionibacterium*속

프로피온산균은 당류와 젖산을 발효해 프로피온산, 초산, CO_2 등을 생성한다. *Propionibacterium shermanii*는 에멘탈 치즈에서 CO_2를 발생시켜 구멍을 형성하며, *Propionibacterium freudenreichii*는 비타민 B_{12}를 생산한다.

(8) *Listeria*속

*Listeria monocytogenes*는 그람양성, 통성혐기성 간균으로, 호냉성(4℃에서도 성장 가능)과 내염성을 갖는 특징이 있다. 주요 감염원은 오염된 물, 육류, 연어류, 목초, 사료 등이며, 감염 시 건강한 성인은 가벼운 증상을 보이는 반면, 임산부는 유산을 유발할 수 있고, 면역 저하자는 수막염, 패혈증 등 리스테리아증listeriosis을 유발할 수 있다.

(9) *Micrococcus*속

*Micrococcus*는 호기성 구균으로 자연계에 널리 분포하며, 단백질을 분해하여 식품 부패를 일으키는 균이다.

(10) 기타 그람양성균

- *Corynebacterium glutamicum*는 조미료MSG 생산에 사용되는 글루탐산을 생성하는 균주이다.
- *Corynebacterium diphtheriae*는 디프테리아를 유발하는 1급 감염병 병원균이다.
- *Mycobacterium bovis*는 소 결핵균으로, 살균되지 않은 우유를 통해 사람에게 전염될 수 있다.

표 6-11 기타 그람양성균

세균(속)명	구분	주요 균	특성과 응용
*Propionibacterium*속	그람양성, 혐기성 간균, 구형에 가까움	*Propionibacterium shermanii*	에멘탈치즈 구멍(CO_2) 생성
		Propionibacterium freudenreichii	비타민 B_{12} 생산 대표균
*Corynebacterium*속	호기성 간균	*Co. glutamicum*	아미노산 생산(glutamic acid) 조미료 생산
		Co. diphtheria	디프테리아 유발균
*Listeria*속	그람양성, 무아포 간균, 호냉균	*Listeria monocytogenes*	면역결핍자(임산부, 신생아, 노인) 리스테리아증
*Micrococcus*속	구균	*Micrococcus halophiles*	고기와 빵의 변색 부패균, 점질물 생성, 23%의 높은 염 농도에서도 생육이 가능한 호염
*Mycobacterium*속	간균	*Mycobacterium bovis* *Mycobacterium tuberculosis*	열처리하지 않은 우유 속 결핵균
*Staphylococcus*속	포도상구균	*Staphylococcus aureus*	인체 피부, 비강, 인후 등에서 발견되는 화농균, 독소형 식중독 enteotoxin 생성
*Sarcina*속	8연구균		냉장되지 않은 식품의 부패 유발, 노란색 색소를 생성하는 균

2) 그람음성균

그람음성균은 세포벽에 펩티도글리칸 층을 가지며, 두꺼운 외막outer membrane은 염색되지 않는다. 식중독을 유발하는 초산균, 대장균군, 그리고 부패균인 *Erwinia* 속 등이 이에 속한다.

(1) 초산균

알코올을 발효하여 초산을 생성하는 균을 초산균이라고 한다. 그람음성의 호기성 간균으로 운동성이 있는 것과 없는 것으로 나누어진다. 초산균에는 주모를 가지며 초산 생성능력이 강하며 초산을 CO_2로 산화하는 *Acetobacter*속과 극모를 가지고 초산 생성능력이 약하며 초산을 CO_2로 산화하지 못하고 포도당을 산화하여 글루콘산gluconic acid을 생성하는 *Gluconobacter*속이 있다. 액체 배양 시 공기가 풍부한 액면에 번식하는 피막을 형성하는 것으로 주류 발효 시 산패를 유발하는 유해균이다.

① *Acetobacter aceti*

호기적 조건에서 에탄올을 초산으로 발효하는 균이다. *Acetobacter aceti*, *Acetobacter shuzenbachii*는 식초 양조에 가장 많이 사용되는 균이다. *Acetobacter xylium*, *Acetobacter suboxydans*, *Acetobacter pasteurianus* 등은 식초 양조 시 유해균으로 피막을 형성한다. *Acetobacter liquefaciens*는 2, 5-diketogluconic acid를 생성한다.

② *Gluconobacter*속

피막형성균으로 당알코올인 소르비톨sorbitol을 생산할 때 이용된다.

$$C_2H_6OH \xrightarrow{O_2} CH_3COOH + H_2$$

(2) 식중독균

그람음성균에는 *Salmonella*속, *Escherichia*속, *Enterobacter*속, *Campylobacter*속, *Shigella*속 등 다양한 식중독균이 있다.

FOOD MICROBIOLOGY

chapter

07

바이러스와 박테리오파지

1. 바이러스의 개요
2. 바이러스의 증식 원리
3. 박테리오파지
4. 파지의 생활사
5. 발효공업에서 파지 감염의 피해 및 오염 방지 대책

chapter 07

1. 바이러스의 개요

바이러스는 세포로 이루어진 일반적인 미생물과는 전혀 다른 형태의 생명체로, 구조가 매우 단순하며 광학 현미경으로는 관찰이 불가능할 정도로 작다. 일반적으로 바이러스의 크기는 약 20~350 nm에 불과하다.

바이러스는 세포 구조를 갖지 않으며, 단백질 껍질(캡시드capsid) 안에 DNA 또는 RNA 중 하나의 유전물질만을 포함하고 있다. 이 캡시드는 캡소머capsomer라 불리는 동일한 단백질 단위들이 모여 형성된다.

보유한 유전물질의 종류에 따라 DNA 바이러스와 RNA 바이러스로 구분된다. 또한 일부 바이러스는 캡시드 외부에 지질 성분으로 이루어진 외피envelope를 가지고 있어, 환경에 대한 저항성에 차이를 보인다.

바이러스는 숙주 세포 밖에서는 스스로 대사활동을 하지 못하는 비활성 입자 상태로 존재하며, 이 상태의 바이러스를 비리온virion이라 부른다. 비리온은 생명 활동을 하지 않기 때문에 반드시 세포 안에 들어가야만 복제가 가능하다.

2. 바이러스의 증식 원리

바이러스는 세포 내 절대기생체obligate intracellular parasite로, 반드시 살아 있는 숙주세포에 침입해야만 증식할 수 있다. 감염된 바이러스는 숙주세포의 효소, 리보솜, 운반 RNA, 에너지ATP 등을 자신의 유전물질 복제와 바이러스 구성 단백질의 합성에 전용된다. 그 결과, 감염된 숙주세포는 수백 개의 새로운 바이러스 입자를 생산하게 되며, 이후 세포를 파괴하면서 바이러스를 외부로 방출한다. 방출된 바이러스는 또 다른 세포를 감염시키며 같은 주기를 반복하게 된다.

바이러스는 특정 숙주 특이성host specificity을 가지며, 동물, 식물, 조류, 진균, 원생생물, 세균 등 거의 모든 생물계의 세포에 감염할 수 있는 능력을 가진 세포 내 절대기생체이다.

3. 박테리오파지

박테리오파지bacteriophage 또는 줄여서 파지phage는 세균을 숙주로 삼는 바이러스이다. '파지phage'는 그리스어로 '먹다'라는 뜻을 가지고 있다.

박테리오파지는 각각 고유한 숙주 특이성을 가지며, 일반적으로 동일하거나 유사한 세균 균주에만 감염할 수 있다.

1) 파지의 특징

파지는 세균에 감염한 후, 세균의 대사 시스템을 이용하여 자신의 유전물질을 복제하고 수백 개의 새로운 파지 입자를 생성한다. 감염이 끝나면 숙주 세균은 파지에 의해 파괴되고, 생성된 파지 입자들이 외부로 방출되어 새로운 세균을 감염시킨다. 파지는 세균 유전학 및 분자생물학 연구에 널리 활용되며, 최근에는 항생제 내성 문제의 대안으로서 파지요법phage therapy의 가능성도 활발히 연구되고 있다. 두 생물체의 구조와 생활방식을 비교하여 정리한 표는 다음과 같다.

표 7-1 바이러스 vs 박테리오파지의 구조 및 특성 비교

구분	바이러스	박테리오파지
숙주	동물, 식물, 곰팡이, 세균 등	세균 전용
구조	DNA 또는 RNA + 캡시드(일부는 외피 포함)	DNA 또는 RNA + 캡시드
생활방식	세포 내 기생	세포 내 기생
증식 위치	숙주 세포 내	세균 세포 내
활용 예	백신, 유전자 치료 등	유전공학, 파지요법, 분자생물학 연구 등

2) 파지의 구조

대부분의 박테리오파지는 이중가닥 DNAdouble-stranded DNA를 유전물질로 가지며, 구조적으로는 꼬리가 있는 형태와 없는 형태로 나눌 수 있다. 파지는 세균보다 훨씬 작아서, 크기는 세균의 약 1/10, 부피는 약 1/1000 수준이다.

가장 널리 연구된 파지는 대장균*Escherichia coli*에 감염하는 T2와 T4 파지로, 이들의 구조는 그림 7-1과 같다.

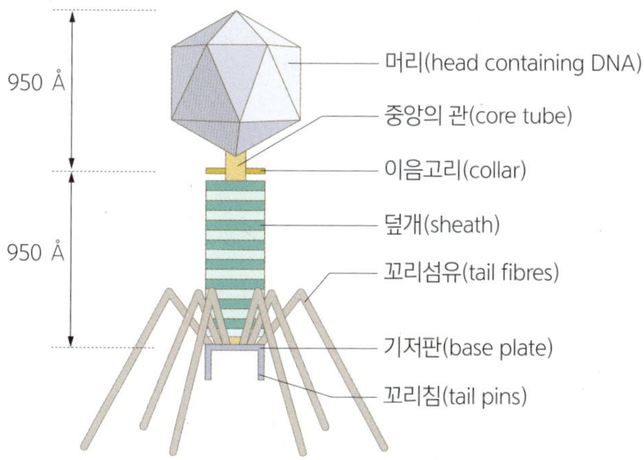

그림 7-1 파지의 구조

3) 박테리오파지 구조의 구성 요소와 역할

(1) 머리(head, DNA 함유)

정이십면체 모양의 단백질 껍질인 캡시드capsid로 구성되어 있으며, 내부에는 이중가닥 DNA가 들어 있다. 이 부분은 파지의 유전정보를 저장하는 중심 구조이며, 감염 시 이 DNA가 세균 세포 내로 주입된다.

(2) 중앙의 관(core tube)

유전물질이 머리에서부터 세균 세포 안으로 주입될 때 통로 역할을 한다. 감염 시 덮개sheath가 수축하면서 중심 관이 세균 세포벽을 뚫고, 그 통로를 통해 DNA가 전달된다.

(3) 이음고리(collar)

머리와 꼬리 사이를 연결하는 구조로, 전체 구조의 기계적 안정성을 확보하며, DNA가 흐르는 경로를 매끄럽게 이어주는 전이부 역할도 한다.

(4) 덮개(sheath)

중앙의 관을 감싸고 있는 외부 구조로, 평소에는 신장된 형태를 유지하고 있다가 감염 시 수축하여 중심 관을 세균 속으로 밀어 넣는다. 마치 스프링처럼 작동하며 DNA 주입을 도와주는 '펌프' 역할을 수행한다.

(5) 꼬리섬유(tail fibres)

파지의 말단에 존재하며, 세균 세포 표면의 특정 수용체를 인식하고 부착하는 역할을 한다. 숙주 특이성을 결정하는 중요한 인식 도구이며, 감염할 수 있는 세균을 선택적으로 식별한다.

(6) 기저판(base plate)

꼬리 구조의 바닥에 위치한 고정 기반 구조로, 파지가 세균에 부착될 때 단단히 고정되는 플랫폼 역할을 한다. 감염이 시작될 때 꼬리섬유의 움직임을 전달하여 꼬리침 삽입을 유도한다.

(7) 꼬리침(tail pins)

기저판에서 돌출된 침 형태의 구조물로, 세균의 세포벽에 구멍을 뚫고 고정되며, DNA 주입 통로를 형성한다. 이 구조는 감염이 실제로 시작되는 지점이다.

파지의 전체적인 모습은 머리와 다리를 가진 달 착륙선 모양과 유사하며, 그 기능 또한 매우 정교하게 진화된 구조를 가지고 있다. 꼬리를 가진 파지는 대부분 용균성 lytic 생활사를 따르며, 감염 과정에서 세균 세포벽에 구멍을 뚫고 DNA를 주입하는 정밀한 기계처럼 작동한다.

4. 파지의 생활사

박테리오파지는 세균에 감염하여 자신의 유전물질을 복제하는 바이러스로, 감염 후 숙주 세포에 미치는 영향에 따라 크게 두 가지 유형의 생활사를 갖는다. 파지의 일반적인 생활사는 그림 7-2와 같다.

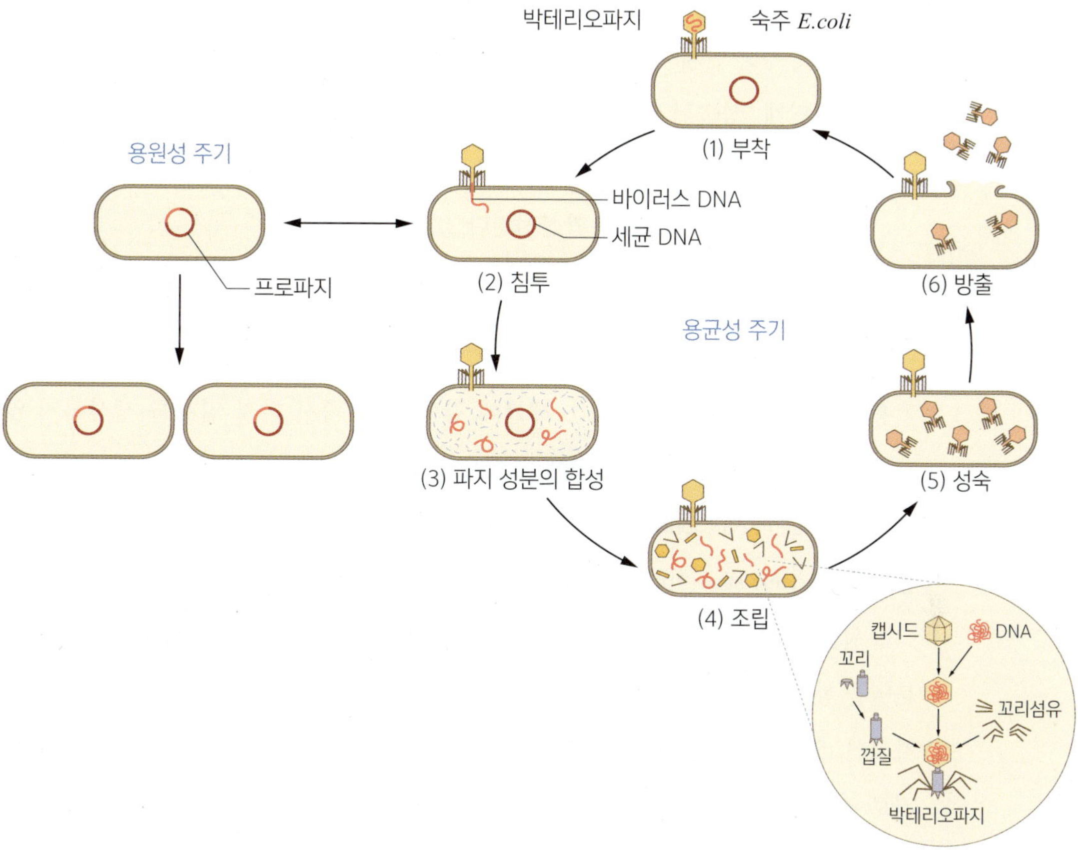

그림 7-2 파지의 생활사

1) 용균성 주기

독성 파지virulent phage는 용균성 주기lytic cycle를 따르며, 세균 세포에 감염한 후 즉시 자신의 유전물질을 복제하고 숙주 세포를 파괴하여 새로운 파지 입자를 방출한다.

이 과정은 다음과 같은 일련의 단계로 진행된다.

- 부착 단계: 파지는 세균의 세포벽에 존재하는 특정 수용체에 꼬리섬유를 이용해 부착하고, 기저판을 고정시킨다.
- 침투 단계: 꼬리가 수축하면서 중앙의 관을 통해 DNA를 세균 세포 내로 주입한다.
- 합성 단계: 세균의 대사 시스템을 이용하여 파지 DNA와 단백질 성분을 합성한다.
- 조립 및 성숙 단계: 합성된 구성 요소들이 조립되어 완전한 파지 입자로 성숙된다.
- 방출 단계: 성숙된 파지는 세균 세포벽을 용해시키며 외부로 방출되고, 새로운 세균 세포로 감염이 확산된다. 이 과정에서 숙주 세포는 사멸하며, 파지는 계속해서 주변 세균에 감염을 확산시킨다.

2) 용원성 주기

용원성 파지temperate phage는 세균에 감염한 후 즉시 파지 입자를 생산하지 않고, 자신의 DNA를 세균 염색체에 통합시켜 잠복 상태로 존재한다. 이 상태의 파지 DNA를 프로파지prophage라고 하며, 이를 포함하고 정상적으로 증식하는 세균을 용원균lysogenic strain이라고 한다.

용원균은 일반 세균처럼 정상적으로 분열과 증식을 계속하며, 프로파지도 세포분열을 통해 후손 세균에 함께 유전된다. 그러나 이 잠복 상태는 영구적이지 않으며, 자외선, 열, 특정 화학물질 등 외부 자극에 의해 프로파지가 활성화되면, 용균성 주기로 전환된다. 전환 후에는 빠르게 복제되어 세균 세포를 용해시키고 다수의 파지 입자를 방출하게 된다.

다음은 박테리오파지의 두 가지 생활사인 용균성 주기와 용원성 주기를 항목별로 비교한 표이다.

표 7-2 용균성 주기와 용원성 주기의 비교

구분	용균성 주기	용원성 주기
파지 유형	독성 파지	용원성 파지
숙주 세포	감염 후 즉시 파괴	세포 안에서 잠복
파지 복제	즉시 복제 및 방출	복제 없음. 세균과 함께 방출
결과	세균 용해 및 파지 확산	세균 증식, 필요시 전환되어 용균성 주기로 진입 가능

5. 발효공업에서 파지 감염의 피해 및 오염 방지 대책

1) 파지 감염에 의한 피해

세균을 이용하는 발효공업에서는 박테리오파지 감염으로 인한 문제가 자주 발생한다. 특히, 치즈나 요구르트 제조에 사용되는 스타터 유산균이나 항생물질 생산에 활용되는 방선균 등이 주요 표적이 된다.

파지가 발효조에 침입하면 다음과 같은 문제가 발생할 수 있다.

- 발효미생물의 용균lysis: 파지에 감염된 세포가 파괴되어 발효 균주의 수가 급감한다.
- 미생물 증식의 정지: 감염된 균주가 정상적으로 분열하지 못하게 된다.
- 발효 생산성 저하: 발효산물의 생합성이 중단되거나 저해되어 품질 및 수율이 저하된다.
- 감염 여부는 한천평판배지에서 투명한 반점(용균반plaque) 형태로 확인할 수 있으며, 이는 파지 존재의 간접적인 지표로 활용된다.

2) 발효 산업에서의 파지 오염 방지 대책

발효 공정에서 파지 감염을 예방하기 위해 다음과 같은 대책이 활용된다.

(1) 위생 관리 강화

- 공장 외부와 내부, 생산 설비, 작업 기구 등을 철저히 세정 및 살균하여 파지의

유입을 차단한다.

- HEPA 필터와 양압 시스템을 통해 공기 중 파지의 전파를 방지한다.

(2) 회전 배양

- 파지에 대한 감수성이 서로 다른 균주를 여러 종류 확보한 뒤, 2~3일 주기로 교대로 사용하여 특정 파지에 의한 전면 감염을 예방한다.
- 예: A계열(균주 A1, A2), B계열(균주 B1, B2) 등을 교대로 사용한다.

(3) 내성 균주 사용

- 특정 파지에 대해 감염 저항성이 있는 균주를 선별하거나, 유도 돌연변이를 통해 개발한다.
- 내성 균주resistant strains는 저농도 항생제에도 견디며, 발효 능력도 유지되어야 한다.

(4) 파지 모니터링 및 조기 감지 시스템

- 발효 전후로 정기적인 plaque assay 또는 PCR 기반 파지 탐지법을 활용하여 파지 존재 여부를 조기에 확인한다.

(5) 원료 및 용수 관리

- 유산균 배지 등 원료와 공정용수에 대해 철저한 멸균 처리를 실시하여 외부로부터 파지 유입을 차단한다.

FOOD MICROBIOLOGY

chapter

08

미생물의 대사와 에너지 생성

1. 미생물의 대사 경로
2. 미생물의 에너지 생성 기작
3. 미생물의 대사 조절 기작
4. 대사 산물과 산업적 응용
5. 극한 환경에서의 미생물 적응

chapter 08

미생물은 생장하고 발달하기 위해 에너지원이 필요하다. 유기체가 환경에서 얻는 에너지, 전자 및 탄소는 연료 공급 반응이라고 하는 화학 반응에 사용된다. 유기체가 활용할 수 있는 에너지원은 빛과 특정 화학 분자 두 가지뿐이다. 에너지는 자유에너지 방출 반응(예: 음의 ΔG를 갖는 반응)을 통해 일할 수 있는 실질적인 형태로 저장되고, 저장된 에너지는 자유 에너지 흡수(소모) 반응(예: 동화작용)을 수행한다. 살아있는 유기체에서 에너지의 실질적인 형태는 아데노신 5′-삼인산adenosine 5′-triphosphate, ATP이다. ATP는 아데노신 이인산adenosine diphosphate, ADP과 오르토인산염P_i으로 거의 완전하게 가수분해되며, ATP 가수분해를 통해 방출되는 에너지($\Delta G0' = -30.5$ kJ/mole)는 이화작용, 운반작용, 기계작용과 같은 자유에너지 흡수 반응을 진행하는 동력으로 사용된다.

표 8-1 미생물 분류 기준: 탄소원, 에너지원, 전자원

미생물 분류 기준	공급원	유기체의 종류	연료공급반응에 의한 주요 생성물
탄소(공급)원	이산화탄소(CO_2)	독립영양생물	전구대사물질
		다른 개체에서 환원된 유기 탄소(식품)	종속영양생물
에너지(공급)원	빛에너지	광영양생물	ATP
		유기 또는 무기화합물의 산화	화학영양생물
전자	환원된 무기분자	무기영양생물	환원력(NADPH에 의해 운반되는 전자)
		유기분자	유기영양생물

미생물계에 나타나는 물질대사의 다양성에도 불구하고 대부분은 탄소, 에너지, 전자를 획득하는 방법에 따라 다섯 가지로 분류될 수 있다(표 8-2). 미생물의 대다수는 화학무기독립, 광(무기)독립, 화학유기종속 영양생물에 속한다. 수는 적지만 생태학적으로 매우 중요한 광유기종속, 화학무기종속 영양생물이 있다. 일부 종류는 대사능력이 아주 유연하여 환경요인에 따라 대사 양상이 변하는 경우도 있다. 이러한 미생물은 화학무기영양적인 대사와 독립영양적인 대사과정을 섞어 사용하므로 혼합영양생물이라 부르기도 한다.

표 8-2 미생물의 주요 영양형식

영양형식	에너지원	전자원	탄소원	대표 미생물
광무기독립영양생물	빛	무기물	CO_2	홍색황세균, 녹색황세균, 남세균, 규조류
광유기종속영양생물	빛	유기물	유기탄소	홍색비황세균, 녹색비황세균
화학무기독립영양생물	무기화합물	무기물	CO_2	황-산화세균, 수소-산화세균, 메탄생성균, 질화세균, 철-산화세균
화학무기종속영양생물	무기화합물	무기물	유기탄소	일부 황-산화세균(예: Beggiatoa)
화학유기종속영양생물	유기화합물	유기물	유기탄소	대부분의 비광합성 세균(대부분의 병원균, 진균 및 많은 원생생물)

1. 미생물의 대사경로

대부분의 화학유기영양생물은 단당류(포도당), 트리글리세리드triglyceride, 아미노산을 포함한 다양한 유기 분자를 에너지원으로 이용한다. 화학유기영양생물이 유기 에너지원을 분해하는 데 이용하는 경로는 대사물질을 TCA 회로로 도입하는 경로로, 이는 대사 효율성과 유연성을 증가시킨다. 미생물은 엠덴-마이어호프 경로EMP, 엔트너-도우도로프 경로EDP 및 5탄당 인산 경로PPP를 통해 포도당을 대사한다. 이러한 경로는 호기성 호흡, 혐기성 호흡 및 발효 중에 작동할 수 있다.

유기 에너지원이 산화되면 방출된 전자는 NAD^+ 및 FAD와 같은 전자운반체에 의해 수용되고 NADH 및 $FADH_2$로 환원된다. 환원된 전자운반체는 차례로 전자를 전자전달계에 제공하며 이 대사과정을 호흡이라고 한다. 호기성 호흡에서는 산소O_2가 최종전자수용체로 이용되는 반면, 혐기성 호흡에서는 NO_3^-, SO_4^{2-}, Fe^{3+}와 같은 다른 유형의 산화된 분자가 최종전자수용체로 이용된다. 호흡 중에 전자는 전자전달계를 통해 최종전자수용체로 전달되어 양성자구동력PMF이라고 하는 잠재 에너지를 생성한다. PMF는 ATP를 합성하는 데 이용된다. 따라서 호흡은 전자전달계와 NADH, $FADH_2$의 산화가 포함되며, 이는 재산화될 때 다시 전자를 받아 전자전달계에 전달할 수 있다.

미생물의 대사는 세포 내에서 일어나는 모든 생화학적 반응을 포함하며, 생존과 성장에 필요한 에너지를 생성하는 과정이다. 미생물은 다양한 대사경로를 통해 에너지를 얻으며, 이는 산소 가용성에 따라 호기성 대사와 혐기성 대사로 크게 분류된다.

1) 호기성 대사

호기성 대사aerobic metabolism는 미생물이 산소O_2를 최종 전자수용체로 사용하는 대사 과정으로, 에너지를 매우 효율적으로 생성한다. 이 과정은 크게 해당과정glycolysis, 전이 반응transition reaction, 구연산 회로Krebs cycle, 그리고 전자전달계electron transport chain로 구성된다.

(1) 해당과정

① 엠덴-마이어호프 경로(Embden-Meyerhof pathway, EMP)

포도당이 피루브산으로 분해되는 가장 일반적인 경로이다. 모든 주요 미생물에서 발견되며, O_2의 존재와 관계없이 기능한다. 세포에 여러 전구대사물질인 NADH와 ATP를 제공하며, 피루브산은 가장 중요한 전구대사물질이다.

반응식: 포도당 + 2ADP + $2P_i$ + $2NAD^+$ → 2피루브산 + 2ATP + 2NADH + $2H^+$

EMP 경로

포도당 → 포도당 6-인산 → 과당 6-인산 → 과당 1,6-이인산 →
여기부터 2분자씩 생산
글리세르알데히드 3-인산(1개는 디히드록시아세톤 인산으로부터 형성) → 1,3-이인산글리세르산 → 3-포스포글리세르산 → 2-포스포글리세르산 → 포스포엔올피루브산 → 피루브산
고에너지 물질 두 가지: 1,3-이인산글리세르산과 포스포엔올피루브산

EMP 경로는 양방향 경로로, 이는 두 개의 피루브산 분자를 포도당으로 전환하기 위해 역으로 작동할 수 있다는 것을 의미한다. 이 양방향 경로가 진행되는 방향은 포스포프룩토키나아제 및 과당 1,6-비스포스파타아제와 같은 주요 반응 단계를 촉매하는 효소에 의해 조절된다.

② 엔트너-도우도로프 경로(Entner-Doudoroff pathway, EDP)

첫 단계에서 6-탄소에서 유래하는 두 분자의 글리세르알데히드 3-인산이 한 개의 피루브산과 한 개의 글리세르알데히드 3-인산을 생산하는 것으로 대체된다. 이 경로는 진핵생물에서는 작동하지 않지만 *E. Coli* 및 *E. faecalis*와 같은 그람양성 및 그람음성 미생물에서 탄소원으로 담즙산을 산화하는 데 중요할 수 있다.

반응식: 포도당 + ATP + $NADP^+$ → 피루브산 + 글리세르알데히드 3-인산 + ADP + NADPH + H^+

글리세르알데히드 3-인산 + 2ADP + NAD^+ → 피루브산 + 2ATP + NADH + H^+

EDP 경로

포도당 → 포도당 6-인산 → 6-포스포글루콘산 → 2-케토-3-데옥시-6-포스포글루콘산(KDPG)
→
여기부터 EMP 경로의 두 번째 단계와 연결되어 더 분해됨
글리세르알데히드 3-인산 → 1,3-이인산글리세르산 → 3-포스포글리세르산 → 2-포스포글리세르산 → 포스포엔올피루브산 → 피루브산
EMP에서와 다른 새로운 환원력을 생성(동화환원력): 생합성을 할 때 전자가 필요하는데 이때 NADPH가 전자공급원 역할을 함

③ 5탄당 인산 경로(pentose phosphate pathway, PPP)

6탄당 1인산 경로hexose monophosphate pathway, HMP라고도 한다. PPP에는 직접적으로 ATP를 만들어내는 과정은 없다. EMP나 EDP와 같이 에너지를 내기 위한 것보다는 생합성에 필요한 전구물질(핵산; 단백질)과 환원력을 주는 NADPH를 만들어내는 데 중요한 역할을 한다. 호기성 또는 혐기성으로 사용할 수 있으며, 생합성 및 이화작용에 중요하기 때문에 EMP 혹은 EDP와 상호 교환적이며 동시에 사용할 수 있다. 진핵생물과 세균은 NADPH와 같은 환원력과 뉴클레오티드 생합성의 전구체 5탄당인 리보스-5-인산을 제공하기 위해 PPP를 사용한다.

반응식: 3포도당 6-인산 + $6NADP^+$ + $3H_2O$

→ 2과당 6-인산 + 글리세르알데히드 3-인산+ $3CO_2$ + 6NADPH + $6H^+$

포도당 6-인산 + $12NADP^+$ + $7H_2O$ → $6CO_2$ + 12NADPH + $12H^+$ + P_i

PPP 경로

3포도당 6-인산(PPP 시작 분자) → 3,6-포스포글루콘산 → 3리불로스 5-인산 →
트랜스케톨라아제가 2-탄소 그룹을 절단해서 붙여줌
리보스 5-인산 → 글리세르알데히드-3-인산과 세도헵툴로스-7-인산 혼합물로 전환 →
트랜스알돌라아제가 3-탄소 그룹을 절단해서 글리세르알데히드 3-인산에 붙여줌
에리트로스 4-인산 → 글리세르알데히드-3-인산

PPP 경로 역시 중요한 양방향 경로이다. PPP는 세포가 필요로 하는 환원력의 주된 공급원으로 이용되어 포도당 1분자가 피루브산으로 바뀔 때마다 NADPH 2분자가 생성되며, 만들어진 NADPH는 생합성 과정 동안 분자를 환원하는데 필요한 전자공급원으로 작용한다. 2가지 중요한 전구대사물질인 에리트로스 4-인산(방향족 아미노산과 비타민 B_6 합성)과 리보스 5-인산(핵산의 주요성분)을 생성한다.

(2) 전이반응

이후 전이반응을 거치면서 피루브산은 아세틸-CoA로 전환되고, CO_2 방출과 NADH를 생성한다.

반응식: 2피루브산 + $2NAD^+$ + 2CoA → 아세틸-CoA + $2CO_2$ + 2NADH + $2H^+$

(3) 구연산 회로

아세틸-CoA는 구연산 회로에 들어가 CO_2를 방출하며 추가적인 NADH, $FADH_2$ 및 ATP를 생성한다.

반응식: 아세틸-CoA + $3NAD^+$ + FAD + ADP + P_i → $2CO_2$ + 3NADH + $FADH_2$ + ATP

(4) 전자전달계

세균은 원형질막을 가지고 있으며, 전자전달계는 원형질막에 위치한다. 세균의 원형질막은 미토콘드리아의 내막 역할을 한다. 전자는 가장 음성의 환원전위를 가진 전자운반체(NADH 탈수소효소)에서 가장 양성의 환원전위를 가진 전자운반체(시토크롬 a 및 a_3)로 흐른다. 호흡(호기성 호흡, 혐기성 호흡 및 화학무기합성) 동안 산소와 같

은 외인성 분자는 최종 전자수용체 역할을 한다.

마지막으로 전자전달계에서는 NADH와 $FADH_2$가 전달한 전자가 산소(최종 전자수용체로 작용)와 결합해 물H_2O을 생성하며, 이 과정에서 생성된 양성자 기울기 proton gradient를 통해 ATP 합성효소가 ATP를 대량으로 생성한다.

반응식: $NADH + H^+ + ½O_2 \rightarrow NAD+ + H_2O$

$FADH_2 + ½O_2 \rightarrow FAD + H_2O$

- 총 ATP 수율: 약 30~32ATP(포도당 1분자당)

2) 혐기성 대사

혐기성 대사anaerobic metabolism는 산소O_2가 없는 환경에서 미생물이 에너지를 생성하는 대사 과정이다. 혐기성 대사에서 최종 전자수용체는 질산염NO_3^-, 황산염SO_4^{2-}, 이산화탄소CO_2와 같은 무기 물질(혐기성 호흡) 또는 유기 분자(발효)이다. 주요 부산물로는 혐기성 호흡에서는 질소가스N_2, 황화수소H_2S, 메탄CH_4 등이 생성되며, 발효에서 젖산, 에탄올, 아세트산 등이 생성된다. 그러나 무기 분자의 산화에 의한 전자전달계 작동은 유기분자(포도당)의 산화보다 에너지량이 현저히 낮다. 전자는 더 음성의 환원전위를 갖는 공여체로부터 더 양성의 환원전위를 갖는 수용체로만 자발적으로 이동할 수 있기 때문에 전자 흐름을 역전시키기 위해 에너지가 필요하며, 이 에너지는 외부에서 내부로 이동하는 양성자의 힘에 의해 생성된다. 따라서 화학무기영양생물은 무기기질의 산화에 의해 방출된 전자가 전자전달계를 거슬러 이동하여 $NAD(P)^+$를 NAD(P)H로 환원시키는 역전자흐름reverse electron flow이라는 과정을 이용하여 필요한 NAD(P)H를 해결한다. 이처럼 ATP 수율은 호기성 대사보다 상당히 낮지만, 다양한 생태계(토양, 심해, 동물의 소화관 등)에서 중요한 역할을 한다.

(1) 혐기성 호흡

전자전달계를 사용하지만 최종 전자수용체로 산소 대신 대체 물질을 사용한다.

① 질산염 호흡

질산염NO_3^-이 전자수용체로 사용되어 아질산염NO_2^- 또는 질소가스N_2로 환원된다.

$$반응식: NO_3^- + 2H^+ + 2e^- \rightarrow NO_2^- + H_2O$$

② 황산염 호흡

황산염SO_4^{2-}이 전자수용체로 사용되어 황화수소H_2S로 환원된다.

$$반응식: SO_4^{2-} + 8H^+ + 8e^- \rightarrow H_2S + 4H_2O$$

③ 이산화탄소 호흡

메탄 생성균이 CO_2를 전자수용체로 사용해 메탄CH_4을 생성한다.

$$반응식: CO_2 + 4H_2 \rightarrow CH_4 + 2H_2O$$

- 총 ATP 수율: 사용된 특정 전자수용체에 따라 약 20~24ATP(포도당 1분자당)

(2) 발효

전자전달계를 사용하지 않고 기질수준 인산화를 통해 ATP를 생성하는 방식이다. 발효되는 미생물의 경우, EMP가 해당과정 중에 생성하는 NADH는 전자전달계의 도움 없이 NAD^+로 재산화되어야 한다. NAD^+가 재생되지 않으면 글리세르알데히드 3-인산의 산화가 중단되고 해당과정이 중단되며 미생물은 생존할 수 없다. 많은 미생물은 피루브산을 아세틸-CoA로 전환하고 TCA 회로에 추가하는 반응 촉매인 피루브산 탈수소효소의 활성을 늦추거나 중단하여 이 문제를 해결한다.

발효 중에 NADH는 산화되어 재사용되고, ATP는 거의 전적으로 기질수준 인산화에 의해 합성된다. 발효 과정에서 일반적으로 유기 에너지원을 분해하고 산화하는 데 사용되는 이화작용 경로의 중간체인 피루브산이나 그 유도체는 NADH의 재산화를 위한 전자수용체로 이용된다. 결과적으로 젖산 또는 기타 환원산물이 생성된다.

① 젖산 발효

피루브산이 젖산으로 직접 환원되어 NAD^+를 재생한다. 젖산균, *Bacillus*속 및 장내세균에서 발생한다.

반응식: $C_3H_4O_3 + NADH + H^+ \rightarrow C_3H_6O_3$ (젖산) + NAD^+

② 알코올 발효

피루브산이 아세트알데히드를 거쳐 에탄올과 이산화탄소CO_2를 생성한다. 일부 진균, 원생생물과 몇몇 세균에서 발생한다.

반응식: $C_3H_4O_3 \rightarrow C_2H_5OH + CO_2$

③ 혼합산 발효

*Escherichia*속, *Salmonella*속, *Proteus*속에 속하는 세균은 에탄올, 아세톤, 젖산, 숙신산 및 포름산을 포함한 산의 혼합물을 배출한다.

④ 부탄디올 발효

*Enterobacter*속, *Serratia*속, *Erwinia*속 및 일부 *Bacillus*속에서 나타난다.

- 총 ATP 수율: 기질수준 인산화만을 통해 2ATP(포도당 1분자당)

2. 미생물의 에너지 생성 기작

미생물의 에너지 생성은 ATP의 합성을 중심으로 이루어진다. ATP는 기질수준 인산화와 산화적 인산화라는 두 가지 주요 과정을 통해 합성된다.

1) 기질수준 인산화

이러한 형태의 ATP 생산은 해당과정과 구연산 회로와 같은 대사경로에서 직접 발생한다. 고에너지 기질에서 ADP로 인산기를 전달하여 ATP를 형성하는 것을 포함한다. 산소가 필요하지 않으며 발효 및 기타 혐기성 공정 중에 필수적인 기작이다.

2) 산화적 인산화

인산기를 ADP로 직접 전달하는 기질수준 인산화와 달리 산화적 인산화는 양성자 기울기를 생성하고 이 기울기를 활용하여 ATP 합성을 추진한다. 이 과정을 통해 세포는 포도당과 기타 영양소에 포함된 에너지에서 대량의 ATP를 생성하여 에너지 효율을 극대화할 수 있다.

(1) 화학삼투 이론(chemiosmotic theory)

전자전달계에서 전자가 전달될 때 방출된 에너지가 양성자 H^+를 막의 한쪽으로 이동시키고, 이렇게 형성된 양성자 기울기가 ATP 합성효소를 작동시켜 ATP를 합성하게 된다.

① 전자전달계

전자가 미토콘드리아 내막(진핵생물) 또는 세포막(원핵생물)의 전자전달계를 통과할 때 일련의 단백질 복합체(복합체 I–IV)를 통과한다. 이러한 전자 전달 중에 방출되는 에너지는 진핵생물의 미토콘드리아 기질에서 막간 공간으로, 원핵생물의 세포질에서 주변 세포질 공간으로 양성자를 펌핑하는 데 사용된다.

② 양성자 기울기

양성자를 펌핑하면 전기화학적 기울기가 생성되는데, 이를 일반적으로 양성자 구동력이라고 한다. 이 기울기는 두 가지 구성 요소로 구성된다.

- 화학적 기울기chemical gradient: 막을 가로지르는 양성자 농도의 차이로 인해 pH 기울기가 생성된다.
- 전기적 기울기electrical gradient: 막의 한쪽에 양전하가 축적되면 양성자가 양전하를 띠기 때문에 전기적 전위차가 발생한다.

(2) 양성자 구동력

양성자 구동력proton motive force은 막을 가로지르는 양성자 기울기 형태로 저장된 잠재 에너지를 측정한 것이다. 이 힘은 양성자가 막을 가로질러 펌핑되면서 전자전달계에 의해 생성되어 막 내부와 외부 사이에 양성자 농도와 전하의 큰 차이를 만든다. 양성자 구동력은 ATP 합성효소를 통한 ATP 합성을 구동하는 데 필수적이다(그림 8-1).

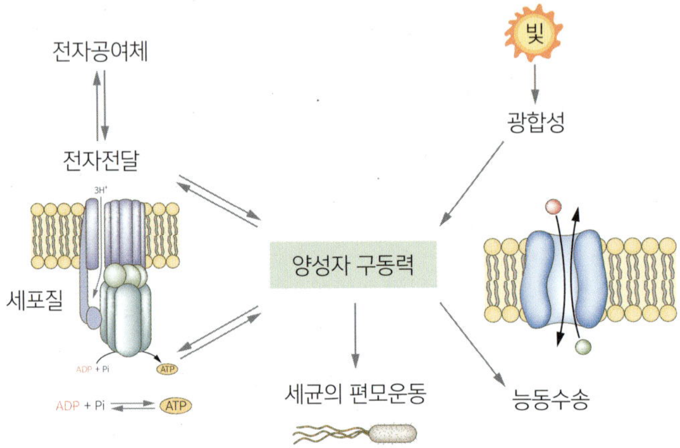

그림 8-1 양성자 구동력의 중심 역할

3. 미생물의 대사 조절 기작

미생물은 에너지를 효율적으로 사용하고 환경 변화에 적응하기 위해 다양한 대사 조절 기작을 발전시켰다.

1) 이성질체 조절

이성질화효소isomerases라고 불리는 효소가 기질을 이성질체 형태로 전환하는 것을 촉진하는 대사 조절의 한 형태이다. 이성질화효소는 분자의 재배열을 촉진하여 특정 대사경로를 촉진하거나 억제할 수 있는 다양한 이성질체를 생성한다.

- 해당과정에서 포스포글루코스 이성질화효소phosphoglucose isomerase는 포도당-6-인산을 과당-6-인산으로 전환한다. 이성질화 단계는 포도당 대사와 에너지 생성의 조절에 필수적이다.

2) 피드백 억제

대사경로의 최종 산물이 해당 경로의 초기 효소를 억제하는 방식이다.

- 해당과정에서 높은 수준의 ATP는 인산프룩토키나아제-1phosphofructokinase-1의 이성질 조절 부위에 결합하여 과당-6-인산을 과당-1,6-비스포스페이트fructose-1,6-bisphosphate로 전환하는 것을 억제한다. 이를 통해 에너지 과잉 생산을 방지하고 ATP를 보존할 수 있다.

3) 유전자 조절

특정 대사경로에 필요한 효소의 발현은 유전자 수준에서 제어될 수 있다.

(1) 쿼럼 센싱(quorum sensing)

박테리아가 개체 밀도에 따라 유전자 발현을 조절하는 방식으로, 생체발광bioluminescence, 독성인자 생성virulence factor production, 미생물막 형성biofilm formation 및 항생제 내성antibiotic resistance과 같은 집단 행동을 가능하게 한다.

(2) 2개-인자 조절 시스템(two-component regulatory systems)

센서 키나아제와 반응 조절자를 통해 영양소 제한, 삼투 스트레스 및 온도 변화와 같은 환경 변화를 감지하고 이에 적응하도록 유전자의 전사를 조절한다.

4. 대사 산물과 산업적 응용

미생물은 식품 및 음료 생산부터 제약, 바이오 연료, 환경 관리에 이르기까지 광범위한 산업에서 필수적인 역할을 한다. 미생물의 대사는 1차 대사산물과 2차 대사산물을 생성하며, 이는 다양한 산업에서 활용된다. 1차 대사산물은 성장과 에너지 생성에 필수적이며, 젖산, 에탄올과 같은 물질이 대표적이다. 반면, 2차 대사산물은 항생제나 색소와 같이 성장에 직접적으로 필요하지 않지만 생태적 이점을 제공하는 물질들이다.

1) 양조 산업

효모Saccharomyces cerevisiae는 과일이나 곡물에 존재하는 당을 발효시켜 알코올 음료의 활성 성분인 에탄올을 생성한다.

반응식: $C_6H_{12}O_6 \rightarrow 2C_2H_5OH + 2CO_2$

2) 요거트 및 유제품 생산

Lactobacillus bulgaricus 및 *Streptococcus thermophilus*와 같은 유산균은 락토스를 젖산으로 발효시킨다. 이 산성화 과정은 우유 단백질을 걸쭉하게 만들어 요거트 특유의 질감과 신맛을 형성한다.

반응식: $C_{12}H_{22}O_{11}$ (락토스) + $H_2O \rightarrow 4C_3H_6O_3$ (젖산)

3) 제빵 산업

효모Saccharomyces cerevisiae는 밀가루에 있는 당을 발효시켜 이산화탄소를 생성하고, 이로 인해 반죽이 부풀어 오른다. 이산화탄소는 반죽의 글루텐 네트워크dough's gluten network에 포획되어, 빵의 부드럽고 스펀지 같은 질감을 형성한다.

4) 바이오 연료 생산

효모Saccharomyces cerevisiae는 옥수수, 사탕수수 또는 기타 식물 바이오 매스에서 추출한 식물성 당을 발효해 에탄올을 생산하며, 이는 지속 가능한 에너지원으로 활용된다.

5) 제약 산업

*Penicillium*속 곰팡이를 이용해 항생제인 페니실린을 대량으로 생산한다. 마찬가지로 *Streptomyces*와 같은 박테리아는 스트렙토마이신streptomycin 및 테트라사이클린tetracycline을 포함한 다양한 항생제를 생산하는 데 사용된다.

6) 폐수 처리

*Nitrosomonas*속 및 *Nitrobacter*속과 같은 박테리아는 하수 속 유기물을 분해하고 질산화와 탈질소화를 통해 물을 정화하는 데 활용된다. 이러한 미생물의 대사 활동은 환경 관리와 지속 가능한 자원 활용에 크게 기여한다.

5. 극한 환경에서의 미생물 적응

미생물은 다양한 극한 환경에 적응하여 에너지를 생성하는 능력을 발전시켰다. 이와 같은 미생물의 적응 기작은 생명공학, 환경 관리, 그리고 바이오 연료 개발에 중요한 응용 가능성을 제공한다.

1) 호열성 미생물

고온에서도 안정적인 내열성 효소를 사용해 ATP를 생성하며, *Thermus aquaticus*는 중합효소연쇄반응PCR에 사용되는 *Taq* 중합효소의 원천이 된다.

2) 호산성 미생물

산성도가 매우 높은 환경(pH 3 미만)에서 중성에 가까운 세포 내 pH를 유지하며, *Acidithiobacillus ferrooxidans*는 고산도 조건에서 금속을 추출하는 것을 용이하게 한다.

3) 호염성 미생물

고염도 환경에서 *Halobacterium salinarum*는 박테리오로돕신bacteriorhodopsin과 같은 특수 단백질을 사용해 빛 에너지를 활용해 ATP를 생성한다.

4) 저온성 미생물

영하의 온도에서도 기능하는 저온 적응 효소를 통해 에너지를 생성하며, *Psychrobacter arcticus*는 극지방에서 생존한다.

5) 기압성 미생물

고압 조건에서 압력 저항성 단백질과 막을 진화시켜, *Shewanella violacea*는 10,000 m(32,800피트) 이상의 심해 환경에서 증식한다.

6) 알칼리성 미생물

세제 및 섬유 가공에 사용되는 것과 같은 높은 pH 환경(pH 9 이상)에서 *Bacillus alcalophilus*는 안정적인 내부 pH를 유지한다.

FOOD MICROBIOLOGY

chapter

09

식품 보존과 미생물 제어

1. 식품 보존 방법
2. 미생물 제어 방법
3. 식품 보존과 미생물 제어의 효과와 한계
4. 최신 식품 보존 기술

chapter 09

식품은 다양한 영양성분을 함유하고 있으므로 미생물이 번식하기에 좋은 환경을 제공한다. 따라서 미생물로부터 식품을 안전하게 보존하기 위해서는 식품 위해 미생물의 증식을 억제하거나 미생물을 제거해야 한다.

식품을 보존하기 위해서는 식품의 온도, 수분 활성, 수소이온 농도pH 등 미생물 생장에 영향을 미치는 요인들을 조절하는 방식으로 식품 내 부패나 식중독을 일으키는 위해 미생물들의 성장과 번식을 억제할 수 있다. 이러한 원리를 이용한 식품 보존방법으로는 냉동, 건조, 보존료 첨가 등이 있다.

한편, 미생물 제어 측면으로는 미생물의 영양세포를 감소시키거나 사멸시키는 살균방법과 미생물의 영양세포와 포자까지 사멸시키는 멸균방법이 있다. 열처리, 방사선 처리, 화학적 처리 등이 대표적인 예이다.

식품의 보존과 미생물 제어 효과의 한계를 해결하기 위해 최근에는 고전압 펄스 전기장, 초고압 처리 등 식품 위해 미생물 제어 기술들이 개발되었으나, 다양한 제어 환경에 놓인 위해 미생물은 스트레스를 받게 됨과 동시에 스스로 저항성을 높일 수 있는 유전자를 발현하여 식품 내에 살아남는 등의 문제가 야기되고 있다. 따라서 미생물 저항이 많이 생기지 않도록 최소한의 공정을 거치는 미생물 제어 기술의 개발과 연구가 활발하게 진행되어야 한다.

1. 식품 보존 방법

1) 냉동

냉동은 식품을 0℃ 이하로 냉각시켜 식품 내 수분을 동결함으로써 미생물의 성장과 번식을 억제하고 효소작용을 정지시켜 식품의 부패와 변질을 막는 식품 보존 방법으로 식품공전에서의 냉동은 식품을 -18℃ 이하로 냉각시키는 것을 말한다.

미생물의 활성은 주변 환경 온도에 의해 크게 영향을 받지만, 일부 미생물은 급랭하여도 사멸하지 않을 정도로 저온 저항성이 강하여 냉동한 후에도 식품 내 병원미생물이나 그 독소가 그대로 남아 있어 위생적 측면에서 잠재적 위험성을 초래할 수 있다.

식품을 냉동할 때, 완만한 동결은 식품 내 얼음의 결정이 크게 형성되어 조직이 파괴되고 해동 시 수분 유출량이 많다. 반면, -40℃ 이하에서의 급속 동결은 얼음 결정이 작게 형성되어 조직의 파괴가 적다. 냉동식품을 해동하면 동결 과정에서 손상된 조직을 통해 식품 내로 미생물의 침입이 쉽고, 해동 시 나오는 침출액에는 미생물이 자라기 적합한 영양분이 많이 포함되어 있어 미생물 생육에 매우 유리하므로 해동한 냉동식품은 다시 냉동하지 않도록 한다.

2) 건조

건조는 식품 내 수분을 제거하여 미생물의 성장 및 번식을 억제하고, 효소에 의한 식품의 부패나 변질을 방지하여 식품의 품질 저하를 막는 식품 보존 방법으로 오래전부터 사용해 왔다. 식품공전에서 건조물은 원료를 건조하여 남은 고형물로 수분함량이 15% 이하인 것을 말한다.

미생물은 최저 수분 활성도 이하 환경에서 생육하기 어려우므로 식품 중 수분 활성도를 낮게 유지하여 식품의 보존 기간을 연장시킨다.

식품에 이용되는 건조 방법으로는 천일건조법, 열풍건조법, 동결건조법, 마이크로파건조법 및 냉풍건조법 등이 있다.

3) 보존료 첨가

보존료는 식품첨가물로 식품 내 미생물에 의한 부패와 변패를 억제하여 식품 품질 저하를 방지하고 식품의 보존기간을 연장하는 데 도움을 준다.

우리나라 식품첨가물 공전에 수록된 보존료의 대부분은 유기산류와 그 염류이다. 유기산은 산성을 띠는 유기 화합물로, 그 사용 효과는 pH에 크게 영향을 받는다. 유기산이 물에 용해되면 해리형과 비해리형으로 공존하는데, 낮은 pH 환경에서는 해리 형태보다 비해리 형태의 비율이 더 높다. 해리된 분자(-COO- 또는 H^+)는 미생물의 세포막을 투과하지 못하고 미생물의 표면에 흡착되는 반면, 비해리 분자(-COOH)는 미생물의 세포막을 투과하여 pH 7.0의 세포질로 이동한 후 미생물 세포 내에서 해리된다. 이때 생성된 수소이온H^+에 의해서 미생물 세포 내 pH가 저하되면, 증가한 수소이온을 제거하기 위한 작용으로 에너지 소비가 증가한다. 또한 효소가 불활성화되고, 수소이온 이외 음이온 부분은 세포 내 축적되어 삼투압 상승을 초래하는 등 유기산은 미생물이 생육하기 어려운 환경을 만들어 항균효과를 나타내는 것으로 알려져 있다.

따라서, pH가 낮은 환경에서 유기산은 그 효력이 강하므로 식품 보존에 유기산을 사용할 때에는 식품의 pH가 변화하지 않도록 주의해야 한다. 또한 사용하는 식품의 성분이나 혼합하여 사용하는 물질, 유기산의 종류나 생화학적 특성에 따른 작용범위 및 항균력에 대한 차이도 고려해야 한다. 보존료를 사용하더라도 세균수가 많은 원료를 사용하거나 온도 및 일반 위생관리가 부적절한 경우에는 효과적인 보존이 어려울 수 있다.

허용된 보존료의 종류에는 데히드로초산나트륨, 소브산 및 그 염류(칼륨, 칼슘), 안식향산 및 그 염류(나트륨, 칼륨, 칼슘), 파라옥시안식향산류(메틸, 에틸), 프로피온산 및 그 염류(나트륨, 칼슘) 등의 유기산류가 있으며 발색제 또는 보존료로 사용되는 아질산나트륨이 있다. 이렇게 허용된 보존료라 할지라도 과도한 사용은 식품의 풍미에 영향을 미칠 수 있으므로 식품에 사용하는 양은 필요한 최소량으로 사용해야 한다.

보존료 품목별 사용 식품

품목명	사용 식품
데히드로초산나트륨	치즈류, 버터류, 마가린
소브산 및 그 염류 (칼륨, 칼슘)	치즈류, 식육가공품(일부 제외), 어육가공품류, 마가린, 콜라겐케이싱, 젓갈류(식염 8% 이하), 된장, 고추장, 청국장(비건조 제품), 소스, 과·채주스, 잼류, 과실주, 탁주, 약주, 토마토케첩 등
안식향산 및 그 염류 (나트륨, 칼륨, 칼슘)	과일·채소음료(비가열제품 제외), 탄산음료, 기타음료(분말제품 제외), 인삼·홍삼음료, 간장, 잼류, 마가린, 절임식품, 마요네즈, 망고처트니 등
파라옥시안식향산류 (메틸, 에틸)	캡슐류, 잼류, 망고처트니, 간장, 식초, 기타음료(분말제품 제외), 인삼·홍삼음료, 소스, 과일·채소류(표피부분에 한함) 등
프로피온산 및 그 염류 (나트륨, 칼슘)	빵류, 치즈류, 잼류
아질산나트륨	식육가공품, 어육소시지, 명란젓, 연어알젓 (발색제, 보존료)

출처: 식품의약품안전처 식품첨가물공전

2. 미생물 제어 방법

1) 열처리

(1) 가열

가열은 식품 내 미생물이나 포자를 파괴하여 미생물을 제어하는 방법으로 가장 오래된 식품 위해 미생물 살균방법이다. 초기의 살균은 거의 멸균에 가까운 온도로 처리하여 미생물을 제거하였다. 그러나 우유의 지나친 열처리는 크림층cream plug 형성, 이상풍미off-flavour 발생과 마이얄반응을 일으키는 등 우유의 풍미와 색에 부정적 영향을 미치고, 단백질 소화율을 감소시키는 원인이 되기도 한다. 현재 사용되고 있는 우유 및 유가공품의 살균에는 저온 장시간 살균법, 고온 단시간 살균법, 초고온 순간 살균법이 있으며, 이들 살균 방법의 종류 및 특징은 표 9-1과 같다.

표 9-1 살균 기술에 따른 특징

살균 기술			특징				
가열방법	온도(℃)	시간	영양세포 살균	효소 불활성화	포자 살균	저장기간 연장	단백질 변성
저온장시간 살균법 Low temperature long time, LTLT	63~65	30분	○	○	X	X	거의 없음
고온단시간 살균법 High temperature short time, HTST	72~75	15초	○	○	X	○	일부 변성
초고온순간처리법 Ultra high heat, UHT	130	2초	○	○	○	○	대부분 변성

출처: 최효수, 오남수, 우유와 유제품의 살균기술, 2020

식품에서 열처리에 의한 멸균은 100℃ 이상의 온도에서 가열하여 미생물뿐만 아니라 포자까지도 사멸시키는 과정이다. 예를 들어, 멸균우유(UHT 우유, 초고온 멸균 우유)는 이러한 멸균 과정을 거쳐 상온에서 1~3개월간 보존이 가능하다. 반면, 살균pasteurization은 가열 후에도 일부 미생물이 생존할 수 있어, 시간이 지나면 생육하여 부패가 발생할 가능성이 있다. 따라서 살균 우유와 같은 제품은 냉장 보관이 필수적이다.

열처리에 대한 미생물 사멸효과 평가

식품에서 열처리에 의한 살균이나 멸균을 응용할 때 열처리에 대한 지표미생물의 저해 효과 및 사용 온도와 시간 등을 설정하기 위하여 열처리에 대한 미생물 사멸효과에 대한 평가가 필요하다.

미생물은 저마다 살균에 대한 저항성이 다르므로 특정한 D값을 가진다.

특정 온도에서 미생물 또는 포자를 90% 사멸하는 데 소요되는 시간, 즉 1 log 감소시키는 데 걸리는 시간을 의미한다. D값이 낮으면, 미생물 사멸에 걸리는 시간이 짧은 것을 의미하며, 이는 미생물 사멸이 쉬운 것을 의미한다. 즉, 해당 온도에서 미생물 사멸 속도를 예측할 수 있다.

Z값은 미생물의 D값이 90% 감소하는데 필요한 온도 상승값을 의미한다. 즉, 온도 변화에 따른 미생물 저항성의 변화를 알 수 있다.

> **D값, D-value**
> Decimal reduction time, Decimal reduction dose, 십진 감소 시간
>
> **F값, F-value**
> Lethality value
> 일정온도에서 일정농도의 미생물을 전부 사멸시키는 데 필요한 시간

250 ℉ (121℃)에서 미생물을 멸균하는데 필요한 시간/ F ₀ 값, F0 zero

예시) [D110℃ =10분], 110℃에서 10분 가열하면 미생물이 90% 사멸

예시) Z=10℃, 가열온도가 10℃ 상승하면 D값이 1/10(90%)로 단축

예시) [F121℃ = 15분] 은 121℃에서 미생물을 멸균하는데 15분 소요 의미

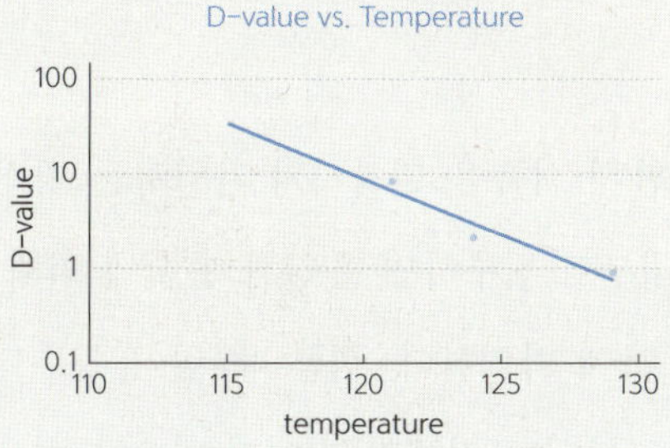

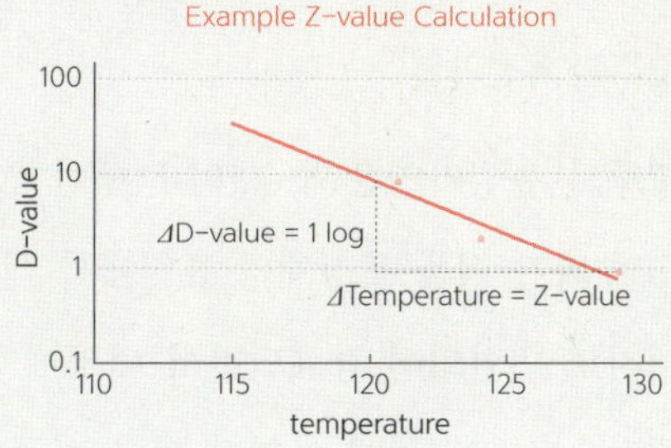

(2) 고주파 가열(마이크로파 가열과 고주파 유전가열)

기존의 가압 증기방식 살균이 유발하는 내용물의 변색, 영양소 파괴, 맛의 변화, 긴 가열 시간 등의 문제를 해결하기 위해 개발된 가열 살균 방법이다.

식품의 가열, 건조, 해동에 이용되는 전자파 가열의 특징은 금속류나 회전매체는 잘 가열되지 않고, 식품만 가열하기 때문에 열효율이 우수하며, 온도를 높이는 데 걸리는 시간이 매우 짧다.

① 마이크로파 가열

마이크로파 가열은 식품에 포함되어 있는 수분 분자가 양극성(쌍극자) 특성으로

인하여 높은 파장에 의해서 빠르게 진동하여 자기장의 파장을 이용한 가열 방식이다. 현재까지 식품 살균에는 그 이용이 많지 않으며, 카레, 죽류나 스튜류 등 일부 식품의 살균 과정에서 활용되고 있다.

마이크로파 가열은 경제성과 효율성이 높고 짧은 시간에 높은 열을 생산하나, 식품성분간의 비유전율 차이로 발생되는 가열 정도의 차이(runaway 효과)나 포장재 모서리 부분에 일어나는 가열 차이로 인하여 균일한 가열이 어려우며, 130~150℃ 정도의 살균 온도에 견딜 수 있는 재질의 식품포장재를 사용해야 한다.

비유전율
항상 1보다 큼. 1의 기준은 실온에서 진공에 대한 값(정확히 1은 아님). 비유전율 값은 온도에 따라 변함. 예) 물과 얼음의 비유전율 차이: 얼음은 -12℃로 3.2, 물은 25℃로 76.7

runaway 효과
냉동식품을 전자레인지 가열할 때에 열 부분과 찬 부분으로 나누어지는 것

② 고주파 유전가열

고주파 유전가열은 두 개의 평행한 전극 판에 식품을 밀착시켜 가열하는 방식으로 고주파가 식품 포장재의 표면에서 식품 내부로 침투하면 유전체 손실에 의해 열에너지로 변환되어 감쇄되면서 내부에 침투하여 가열한다. 식품 내 깊이 침투되고 전체적으로 균일하게 가열이 되나 전극판으로부터 포장재가 비어져 나오는 경우나 당근, 우엉, 연근 같은 단단한 성질을 갖는 식품을 판에 끼우면 판 사이가 간극이 되어 가열 중에 방전하여 균일하게 가열하기 어렵다.

2) 방사선 처리

(1) 방사선의 개념

방사선은 불안정한 원자핵에서 방출되는 입자 또는 전자기파로, 에너지를 지니며 물질과 상호작용하여 변화를 유도한다.

(2) 식품 조사(food irradiation)에 사용되는 방사선 종류(식품공전 기준)

- 감마선(γ선): 코발트-60^{60}Co 선원에 사용한다.

- 전자선(β선, 베타선): 전자선 가속기에 사용한다.
- 엑스선(X선): 전자선 가속기를 통해 생성한다.
- 방사선 조사 시 품목별 흡수선량을 초과하지 않도록 관리가 필요하다.

(3) 방사선 조사의 목적 및 작용 원리

- 발아 억제: 감자, 양파 등의 발아 방지에 사용한다.
- 살균 및 살충: 병원성 미생물 제거 및 해충 사멸에 사용한다.
- 숙도 조절: 과일의 숙성 속도 조절에 사용한다.
- 식품 내 깊이 침투하여 미생물 세포의 이온화 및 화학결합 변화 유도하여 미생물을 사멸한다.
- 정확한 작용 원리는 완전히 밝혀지지 않았으나, 미생물의 DNA 손상과 대사 기능 변화를 유발하는 것으로 알려져 있다.

(4) 방사선 조사의 효과에 영향을 미치는 요인

- 방사선량
- 식품 내 미생물의 종류 및 양
- 식품의 구성 성분
- 보존 방법 및 보관 온도
- 공기 존재 여부

(5) 방사선 조사 기술의 장점

- 열처리보다 적용 시간이 짧고, 순간적으로 식품에 깊고 균일하게 적용 가능하다.
- 식품의 화학적 변화가 적어 품질 유지에 유리하다.
- 방사선 처리 후에도 식품의 외관과 품질에 큰 영향을 주지 않는다.

방사선 조사는 식품 보존과 안전성 향상을 위한 효과적인 방법으로, 기존의 열처리 방식보다 식품의 품질을 유지하면서 미생물 제어가 가능하여 활용이 점차 확대되고 있다.

허용대상 식품별 흡수선량

품목	조사목적	선량(kGy)
감자, 양파, 마늘	발아 억제	0.15 이하
밤	살충, 발아 억제	0.25 이하
버섯(건조포함)	살충, 속도조절	1 이하
곡류(분말포함), 두류(분말포함)/난분, 전분	살균, 살충/살균	5 이하
건조식육, 어류분말, 패류분말등	살균	7 이하
침출차, 특수의료용도식품 등	살균	10 이하

*1 Gy(Gray, 그레이)는 1 kg의 식품이 조사될 때 1줄(joile, J)의 에너지가 흡수되는 것과 같은 양의 에너지

출처: 식품공전

3) 화학적 처리

(1) 식품용 살균제 처리

화학적 살균제는 식품에 사용할 경우, 식품첨가물로 분류하며 채소 또는 과일을 살균 또는 세척할 때에는 식품첨가물로 허용된 살균제 또는 「위생용품의 기준 및 규격」(식품의약품안전처 고시)에 적합한 세척제를 사용하여야 하며, 채소 또는 과일 이외의 식품에는 살균제 또는 세척제를 사용하여서는 안 된다. 우리나라에서는

그림 9-1 식품용 살균제의 종류

출처: 식품의약품안전처 첨가물기준과, 식품용 살균제 현장 가이드라인, 2022

과산화수소H_2O_2, 차아염소산나트륨NaClO, 차아염소산칼슘$Ca(ClO)_2$, 차아염소산수HOCl, 이산화염소수ClO_2, 오존수O_3, 과산화초산CH_3COOOH 7품목에 대해 식품용 살균제로 허용하고 있다(그림 9-1).

① 염소계 살균제 원리

염소계 살균제는 세균의 세포막 투과성에 장애를 주고 원형질 성분을 산화시키며 효소반응을 저해함으로써 살균작용을 한다. 락스라고 불리는 차아염소산나트륨은 염소계 살균제 중 가장 많이 사용하는 살균제이다.

② 전기분해수의 항균작용

염화나트륨NaCl과 수용액을 넣고 전기분해를 하면 산성·알칼리성 전해수를 얻을 수 있는데, 전기분해수는 광범위한 항균 스펙트럼을 가지며 빠르고 강한 살균력을 가질 뿐만 아니라 유효성분 중 염소를 포함하고 있어 염소의 살균효과도 가진다. 특히 산성전해수는 pH 낮고 산화환원전위가 높아 강한 살균력을 지닌다. 차아염소산수는 산성전해수로 과채류 살균제로 허용되어 식품첨가물로 지정되었다. 산성전해수는 식품 표면에 있는 미생물에 흡착하여 세포 내로 확산 후 세포 성분과 화학반응을 일으킴으로써 정상적인 기능과 대사 작용을 저해하여 미생물을 불활성화시키는 것으로 알려져 있으나 정확한 살균작용은 밝혀지지 않았다.

③ 오존의 살균작용

오존O_3에 의한 살균작용은 주로 미생물의 세포막을 공격하는 것으로 시작하여 세포 내 DNA에 손상을 주고 세포 용해를 일으킨다. 미생물을 불활성화시키고 무해한 산소로 분해되어 잔존하지 않으므로 식품 산업에서 유용하게 사용될 수 있는 잠재성이 높은 물질이라고 할 수 있다. 오존 가스는 공기 중에서 지속성이 짧아 대부분은 오존발생기에서 생성된 오존 기체를 용존시켜 얻은 오존수 형태로 이용한다. 오존수는 과채류를 비롯하여 육류, 가금류, 유제품 등의 식품관련 미생물에 효과가 높은 것으로 알려져 있으며, 다른 항균 물질과 병행 처리 시 상승효과를 기대할 수 있다.

식품용 살균제와 세척제의 차이

- 식품용 살균제: 유해미생물로 인한 식중독을 예방하기 위해 집단급식소 등에서 사용하는 식품첨가물(「식품위생법」에 따른 「식품첨가물의 기준 및 규격」에 지정 고시)
- 세척제: 채소, 과일, 식품의 기구·용기, 식품 제조·가공용 장치 등을 씻는 용도로 사용되는 제제(「위생용품 관리법」에 따른 「위생용품의 기준 및 규격」에 지정 고시)

(2) 천연 항균물질 처리

합성 보존료는 체내 축적성과 안전성에 관한 문제가 지속적으로 대두되고 있으며, 화학합성 보존료보다는 발효생산물이나 미생물, 동식물로부터 추출된 천연 항균제에 대한 관심이 높아지고 있다.

천연 항균유래 물질에는 발효생산물, 미생물유래 항균물질로 에탄올, 유기산, 니신nisin, 나타마이신natamycin, ε-폴리리신polylysine 등이 있으며 식물성 성분에서 유래한 항균물질로는 펙틴분해물, 겨자추출물, 자몽종자추출물, 정유essential oil, 동물성 성분에서 유래한 항균물질로는 키토산, 이리단백추출물(프로타민), 라이소자임, 락토페린 등이 있다.

이들 중 특유한 냄새와 자극성으로 인한 관능적 측면에 해결할 문제가 있는 것도 있고, 항균력이 약하여 제품으로 사용하기에 어려운 경우도 있으므로 합성 보존료를 대체할 수 있도록 지속적인 검토가 이루어져야 할 것이다.

천연 항균물질 및 특징

항균물질	특징
니신*	• 젖산균(*Lactococcus*)이 만드는 항균 펩타이드 • 세포막에 만든 구멍을 통해 ATP와 아미노산 등이 빠져나가 미생물 활동 제한으로 살균작용 • 곰팡이와 효모에 효력이 약하고, 그람양성균(젖산균과 *Bcillus*속)에 미량으로 효과 있음 • 낮은 pH에서 안정, 에탄올 용액 중 안정함 • 세균 특유의 구조에 작용하고 사람에게는 작용할 수 없음 • 식품첨가물 공전 사용식품 기준: 가공치즈, 두류가공품
라이소자임	• 펩티도글리칸을 가수분해하는 용균효소 • 그람음성균의 외막 통과할 수 없고 *B. subtilis*에 효과 강함, *B. cereus*에 효과 약함 • 가열에 의해 효소활성을 잃어도 항균력이 남아 있음 • 세균 특유의 구조에 작용하고 사람에게는 작용할 수 없음
ε-폴리리신*	• 방선균(*Streptomyces albulus*)이 만드는 아미노산 리신 25-30개 연쇄상 구조로 (+) 대전됨 • 전기적 힘으로 미생물 표면에 흡착하여 미생물 표면의 전기적 균형을 무너뜨려 증식 억제 • 산성 다당류 또는 단백질과 동시 사용 시 흡착하여 효력이 떨어짐 • 단백질분해효소에 의해 분해되어 효력 상실 • 세균 특유의 구조에 작용하고 사람에게는 작용할 수 없음 • 글리신, 초산나트륨, 에탄올, 라이소자임 등의 보조제로 병용하여 많이 이용됨 • 쌀밥, 도시락, 튀김 등의 부식류에 사용됨 • 식품첨가물 공전 사용식품 기준: 필요한 최소한의 양만 사용
에탄올	• 살균목적 30% 이상의 농도, 정균목적은 알코올 특이취 때문에 1~3% 범위에서 사용 • 강한 침투압 상승작용(수분활성 저하작용)을 갖고 있어 침투압을 높여 보존성 부여하기도 함 • 채소절임 타입의 데친 푸성귀, 된장, 생선조림 등 비교적 식염농도 높은 식품
유기산	• 젖산, 초산, 글루콘산, 구연산 등 • 식품 pH를 조정하여 식품 보존성 향상 • 초산은 pH의 영향은 많이 받으나, 젖산은 pH의 영향을 받지 않음
팩틴분해물	• 감귤류의 과피, 사과즙박 펙틴효소분해물로 분해율 40% 이상의 것에서 항균활성이 나타남 • 피클액, 햄버거, 오징어젓갈, 말린 청어알 등에 이용 • 통상 0.1~0.3% 정도로 식품에 첨가 • pH 6.0 이하에서 강한 영향을 받으며, 그 이상의 높은 pH에서 항균력 저하
겨자추출물	• 겨자나 와사비(*Washabia japonica*)를 원료로 하여 배당체인 시니그린 효소인 미로시나아제로 가수분해한 후 수증기 증류에 의하여 얻어지는 휘발성물질임 • 알릴이소티오시아네이트가 미생물 세포의 호흡계 저해 • 세균, 효모, 곰팡이 대부분 60 ppm 이하 농도에서 생육 억제됨. 젖산균에 대해서는 약함 • 용액상태보다 휘발성 상태에서 강한 항균력 발휘함 • 포장식품 표면에 생육하는 곰팡이나 효모의 억제에 효과적임(식빵, 과자, 떡 등)

*식품첨가물공전 수록된 식품첨가물

3. 식품 보존과 미생물 제어의 효과와 한계

1) 식품 보존으로 인한 품질 저하 및 합성 보존료 기피 현상 증가

가열 공정은 열에 의한 영양 성분의 파괴, 식품 텍스처 및 색 변화를 가져오며, 향기 성분 손실 등을 초래하여 관능적 품질 저하를 유발할 수 있다. 냉동이나 건조 방법은 장기간 저장할 경우 품질 저하와 소비자 기호도를 감소시킨다. 또한, 소비자들의 건강에 대한 관심이 증가하면서 화학적 합성 보존료 사용을 기피하는 경향이 나타나고 있으며, 이에 따라 천연 보존료 또는 대체 방부제 개발이 필요한 상황이다.

2) 새로운 변이원성 저항 미생물 출현

식품 보존 방법으로 식품 내 위해미생물의 성장 및 번식을 억제하기 위해 냉장·냉동, 건조, 보존료 처리 등의 방법이 사용되며, 이러한 방법들은 단독으로 적용되거나 중복하여 활용되기도 한다. 이러한 보존 방법을 통해 이미 확인된 위해미생물로부터 식품을 안전하게 보존할 수 있었으나, 저온, 열처리, pH 변화 등의 환경 스트레스에 견디며 저항성을 가지는 새로운 유전인자를 발현하는 위해미생물로부터 식품을 완전히 보호하는 데에는 한계를 드러냈다. 미생물들은 식품 보존을 위해 적용된 새로운 환경에 적응하며, 점차 저항성을 지닌 유전자를 가진 변형된 형태로 살아남고 있다. 이에 따라, 식품 보존의 한계를 극복하고 위해미생물을 효과적으로 제어할 수 있는 새로운 미생물 제어 기술의 개발 필요성이 대두되고 있다.

3) 생식 제품 소비 증가와 식품 위해미생물 안전성 제기

과거에 비해 다양한 식품 소비 형태가 등장하고 건강에 대한 관심이 증가하면서, 비가열 신선식품의 소비량이 증가하고 있다. 특히, 수산식품, 채소·과일 생식 등 최소한의 가열 공정만 거친 식품들의 소비가 늘어남에 따라, 이러한 생식 제품들의 미생물학적 안전성 문제가 제기되고 있어 비가열 미생물 제어 기술의 필요성이 더욱 커지고 있다.

따라서, 기존 식품 보존 방법을 보완하여 식품의 안전성을 유지하면서도 품질과 영양을 보호하고 저장 기간을 연장할 수 있는 연구가 필요하며, 이를 위해 비가열 가공 기술과 무균 포장 기술에 대한 활발한 연구 개발이 요구된다.

4. 최신 식품 보존 기술

1) 초고압 처리

초고압ultra high pressure, UHP을 이용한 세균 사멸 기술은 19세기 후반부터 연구가 시작되었으나, 산업용 규격 시스템이 도입된 것은 21세기 초반이다.

(1) 초고압 처리의 원리

- 100~700 MPa의 정수압hydrostatic pressure을 이용한 살균 기술이다.
- 압력 매체(물 또는 오일)를 이용하여 등정압isostatic pressure 원리로 균일한 압력을 순간적으로 전달한다.
- 육류 제품의 리스테리아*Listeria*, 살모넬라*Salmonella* 등의 병원균 제거에 효과적이다.

(2) 초고압 처리가 미생물에 미치는 영향

- 세포막 파괴: 정수압 단열 팽창으로 인해 세포막 내·외부 압력 차이가 발생하여 세포막이 붕괴된다.
- 단백질 및 효소의 비가역적 변성: 세포막과 세포질 내 중요한 단백질 및 효소를 비활성화하여 미생물의 생명 활동을 억제한다.
- 미생물의 민감도 차이: 그람음성균 > 효소 > 그람양성균 순으로 압력에 대한 감수성이 높다.

(3) 초고압 처리의 효과

- 미생물이 사멸한다.

- 효소 활성이 변한다.
- 단백질 및 탄수화물의 구조가 변한다.

(4) 초고압 처리의 한계점

- 적용 식품 제한: 수분이 있어야 하며, 기공이 많은 식품은 변형되기 쉽다.
- 연속 공정이 어려움: 현재 기술로는 연속 공정보다는 배치batch 방식이 일반적이다.
- 포자 제거 한계: 1000 MPa 이하의 압력으로는 포자를 완전히 파괴하지 못해 냉장 유통 병행이 필요하다.
- 높은 초기 비용: 설비 투자 비용이 높아 산업 전반에 적용하는 데 한계가 있다.

(5) 초고압 처리의 응용 사례

- 해외에서 상업화된 제품: 주스, 생선 스테이크, 아보카도 퓨레 등이 있다.
- 현재 연구 중인 적용 분야: 굴, 랍스터 및 새우 껍질 제거, 유제품, 야채류, 육가공품 등 다양한 식품 적용 연구가 진행중이다.

초고압 처리는 미생물 사멸과 품질 유지가 가능하다는 점에서 주목받고 있으며, 식품 산업 전반에서 적용 범위를 확대하기 위한 연구가 지속되고 있다.

2) 펄스 전기장 처리

펄스 전기장pulsed electric field, PEF 처리는 우유 가공에서 가열처리를 대체할 비가열 살균 기술로 시도되었다. 두 개의 전극을 이용하여 고전압을 시료에 가해 세포막을 선택적으로 붕괴시키는 방식으로, 막 이동 전위가 발생하며 세포막의 이중층 구조가 압축되고, 비연속적인 분자 재배열과 세공의 팽창을 유도하여 미생물 세포에 구조적 손상을 일으킨다. 세공이 형성되면 헤모글로빈의 콜로이드 삼투압으로 인해 물이 세포 내로 유입되어 세포가 팽창하고 붕괴하게 된다.

PEF의 효과는 미생물의 종류와 성장 단계, 배지의 pH, 항균물질 유무, 이온 강도 등에 따라 달라질 수 있다. 이 기술은 생물학적 세포의 투과성을 이용한 식품 산업에서 활용되며, HTST(고온 단시간 살균법)보다 낮은 온도에서 살균이 가능하여 영양 성분 변화를 최소화할 수 있는 살균 공정으로 알려져 있다.

(1) PEF의 주요 장점

- 처리 시간이 매우 짧고 연속 처리가 가능하다.
- 기기 도입 비용과 처리 비용이 저렴하며, 열에너지 절약 효과가 뛰어나다.
- HTST 또는 LTLT(저온 장시간 살균법)와 병행 시 UHT(초고온 순간 살균)와 유사한 효과를 내면서도 품질 변화를 최소화할 수 있다.

PEF 기술은 오렌지, 사과, 토마토, 멜론, 수박 주스 등 저산성 식품의 미생물학적 저장성을 향상시키는 데 효과적이며, 유제품 가공 기술에도 활용 가능하다.

3) 초음파 처리

초음파ultrasound는 주파수 20 kHz 이상의 음파로, 인간이 들을 수 없는 가청 주파수 이상의 음파이다.

(1) 초음파의 작용 원리

- 저주파 초음파(20~24 kHz)는 캐비테이션cavitation 효과를 유발한다.
  - 진공 상태의 기포cavity가 반복적으로 생성 및 붕괴된다.
  - 기포가 수축과 팽창을 반복하다가 붕괴할 때 고온·고압 환경이 순간적으로 발생한다.
  - 이 과정에서 미생물의 세포막에 공극이 생겨 세포 붕괴가 촉진되고, 결과적으로 세포가 용해된다.
- 주파수가 낮을수록 기포 밀도는 적지만 폭발력은 증가한다.
- 에너지가 순간적으로 특정 부위에서만 발생하여 시료 전체의 온도 상승 효과는 크지 않다.

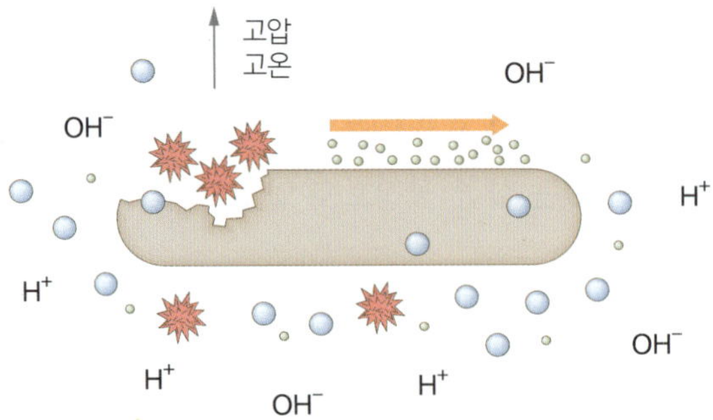

그림 9-2 캐비테이션에 의한 미생물의 살균효과

출처: Bermudez-Aguirre, 2017

(2) 초음파의 활용 분야

- 세정, 숙성, 유화, 추출, 분산 등 다양한 식품 가공 공정이 있다.
- 살균 효과는 20~24 kHz 범위에서 가장 높다.
- 파장, 온도, 미생물의 종류, 식품의 구성 성분 등에 영향을 받는다.

(3) 초음파의 한계와 병행 기술

- 초음파 단독으로는 살균 효과가 크지 않아 다른 살균 기술과 병행할 경우 효과가 증가한다.
- 초음파-가열 기술, 초음파-고압 처리 기술, 초음파-화학적 처리 기술이 효과적이다.
- 기타 초음파-자외선 조사, 초음파-펄스 전기장 기술 관련 연구가 보고되고 있으나, 산업적으로 적용된 살균 기술은 거의 없다.

4) 광펄스 처리

광펄스 처리intense pulsed light 기술은 자외선 살균 원리와 고전압 펄스 전기장 살균 기술을 결합한 비가열 살균 기술이다.

(1) 광펄스 처리의 원리

- 펄스 전기장 살균장치와 유사한 원리를 이용한다.

- 170~2600 nm의 넓은 빛의 영역(자외선부터 근적외선 포함)을 활용한다.
- 강한 빛을 짧은 시간 동안 조사하여 식품 표면의 미생물을 사멸시킨다.
- 미생물의 DNA 구조를 파괴하고 세포벽 및 세포막을 손상시켜 세포 내 물질 유출을 유도, 최종적으로 완전한 미생물 사멸을 유도한다.
- 식품의 보존기간 연장 및 품질 향상이 목적이다.

(2) 광펄스 처리의 살균력 영향 요인

- 빛의 파장 및 강도
- 조사 시간(펄스 소 및 주기)
- 시료와 광원의 거리
- 식품의 종류 및 투명도, 색상
- 포장재의 특성

(3) 광펄스 처리 기술의 장점

- 자외선UV 살균보다 우수한 살균력을 가지고 있다.
- 식품 온도 상승 없이 살균 가능하여 풍미, 색, 조직감 유지가 가능하다.
- 고춧가루, 향신료, 후추 등 분말 식품 및 김, 수산물 등 가열 살균이 어려운 식품에 적용이 가능하다.

(4) 한계 및 연구 현황

- 국내에서는 광펄스 처리의 미생물 사멸 효과에 대한 연구가 부족하다.
- 아직 본격적인 상업화가 이루어지지 않은 상태이다.

미국 FDA 광펄스 살균 기술 사용 권고 기준

- wavelight: 200~1000 nm
- 가해지는 에너지 밀도: 12 J/cm^2
- pulse 간격: 2 ms 이하
- 기대하는 효과를 얻기 위해 최소한의 pulsed light만 사용하여야 함

출처: 식품산업에서 광펄스 살균 기술

FOOD MICROBIOLOGY

FOOD MICROBIOLOGY

chapter

10

미생물 독소와 식중독

1. 미생물 독소의 종류와 특성
2. 식품 안전 규제 및 표준

chapter 10

미생물은 물질대사 시 1차 대사산물과 2차 대사산물을 생성한다. 1차 대사산물은 미생물의 발생, 증식, 대사에 밀접하게 관련된 물질로 아미노산, 비타민, 유기산, 항산화제 등이 이에 속한다. 그러나 2차 대사산물은 이러한 과정에 직접적으로 관여하지 않는 물질로써 색소, 항생제, 독소 등이 이에 속한다. 2차 대사산물의 생리적 기능에 대한 설명은 다양하나 아직 연구가 많이 필요한 분야이다. 1차 대사산물을 전구체로 사용하여 생성되거나, 영양분의 고갈 등 생육 환경의 변화로 증식속도가 느려지거나 증식이 정지될 경우 합성된다. 따라서 2차 대사산물의 합성은 영양분, 전구체, 합성 효소 등의 영향을 받는다.

세균이 분비하는 독소는 주로 장독소enterotoxin와 신경독소neurotoxin이며, 이와 같은 독소를 분비하는 세균은 독소형 식중독 세균, 중간형(생체 내 독소형) 식중독 세균으로 분류된다. 식품에 오염된 독소형 식중독 세균이 분비한 독소 또는 중간형 식중독 세균이 인체 내에서 분비한 독소는 대개 내열성이 강하여 일반적인 열처리에 의해 쉽게 활성을 잃지 않는다. 세균이 분비하는 독소에 의한 식중독의 잠복기는 비교적 짧은 편이며, 대개 급성인 경우가 많다. 포자를 형성하는 대표적인 세균인 *Bacillus*속, *Clostridium*속의 경우, 포자 발아와 독소 생성은 인체 내에서도 일어나므로 특히 주의해야 한다.

1. 미생물 독소의 종류와 특성

1) 장독소

황색포도상구균*Staphylococcus aureus*, 대장균*Escherichia coli*, 바실러스 세레우스*Bacillus cereus*, 클로스트리디움 퍼프린젠스*Clostridium perfringens*에 의해 분비된 장독소는 장관 상피세포에 작용하여 식중독 증세를 일으킨다. 식중독 증상은 주로 구토, 설사, 복통으로 감염형 식중독 세균에 의한 식중독 증상과 비슷하다.

(1) 황색포도상구균

황색포도상구균은 통성혐기성의 그람양성 구균으로, 포도송이 모양의 군집을 나타낸다. 일반적으로 건강한 사람의 피부와 코, 인후, 점막에 자연적으로 존재하여 쉽게 분리할 수 있고, 상처 부위에 감염되면 화농성 질환을 유발하여 괴사나 농양을 일으키는 화농균이다. 따라서 감염된 상처, 피부와 점막이 감염원이 될 수 있고, 면역력이 약한 상태에서 감염 민감도가 높다. 이 밖에 황색포도상구균은 폐렴, 패혈증과 같은 다양한 감염증과 관련이 있다. 최적 성장온도는 30~37℃이며, 7.5%의 높은 염도 조건에서도 생존한다. 특히 항생제 내성이 강해 문제가 되고 있다.

① 식중독 발생 기전

황색포도상구균은 육류, 유제품, 샐러드 등과 같은 식품에 오염되어 증식하고 이때 생성된 독소를 음식과 함께 섭취할 경우 식중독이 발생한다. 특히 음식을 취급하는 사람의 손을 통해 쉽게 오염되며, 부적절한 보관 조건에서 균이 급격히 증식한다. 총 6형의 장독소(A, B, C, D, E, F)가 존재하며, 이 중 A형의 독소에 의한 식중독이 빈번하게 발생한다. 균체는 열에 약하지만 독소는 내열성으로 요리 과정에서도 파괴되지 않으며, 장내에서 신경계를 자극하여 구토, 설사 등의 급성 증상을 유발한다. 일반적으로 음식 섭취 후 독소의 작용으로 1~6시간 이내에 식중독 증상이 나타나며 신속하게 회복되지만, 탈수에 주의해야 한다.

② 예방 방법

황색포도상구균으로 인한 식중독의 위험을 예방하기 위해 개인 위생, 신선 식품 사용, 적절한 식품 보관 등과 같은 방법을 고려할 수 있다. 식사 전·후, 조리 전·후, 화장실 사용 후에 반드시 손을 깨끗이 씻는다. 식품을 취급하는 사람은 음식 준비 시 청결을 유지하고, 상처가 있는 경우 조리에 참여하지 않거나 장갑을 착용하는 등 개인위생에 신경쓴다. 조리된 음식은 균이 증식하지 않도록 냉장 온도인 4°C 이하에 보관하거나 60°C 이상의 온도에서 유지한다. 이미 조리된 음식은 섭취 전 충분히 가열하여 독소를 파괴한다. 또한, 신선한 재료를 사용하고 난 후 손상된 식품이나 유통기한이 지난 식품은 사용하지 않는다. 조리 기구와 조리대 등 표면을 청결하게 사용하고 정기적으로 소독한다.

주요 식중독 사례

황색 포도상구균에 의한 식중독은 주로 학교 등 대규모 집단 급식 환경에서 발생하고 있으며, 음식 재료 준비부터 조리과정에서 위생 관리가 미흡할 경우, 식품에 오염되어 급속히 증식할 수 있다. 2019년 5월 경기도 소재 모 대학에서 특정 음식점의 김밥을 수령 즉시 섭취한 후 유증상자의 74.2%가 식중독 증상(구토, 심한 오심, 경련성 복통, 설사 등)을 나타냈다. 인체 검체, 환경 검체, 김밥(신고 당일 음식점에서 수거한 김밥)에서 식중독 세균과 바이러스를 검사한 결과, 김밥에서 황색 포도상구균이 검출되었다.

출처: 경기도청, 2019-2021 경기도 수인성·식품매개감염병 집단발생 역학조사 결과보고서 우수사례집

(2) 대장균

장독소를 분비하는 대표적인 대장균 중 하나는 장관독소원성 대장enterotoxigenic *E. coli*, ETEC이다. 장내세균과에 속하는 그람음성의 간균이다. ETEC의 혈청형은 O항원(균체 외막 다당류)과 H항원(편모 단백질)에 따라 다양하게 분류된다. 가장 흔한 ETEC의 병원성 혈청형은 O6, O8, O15, O25, O49, O63, O78, O128, O148, O153, O159, O167, O169이다. ETEC의 잠복기는 1~3일 정도로 비교적 짧다. ETEC는 사람과 동물의 장에 감염되어 독소를 분비하여 설사를 유발하는 병원성 대장균 중 하나이며, 증상의 지속기간은 보통 5일 이내이다.

ETEC는 두 가지 종류의 장독소를 분비한다. 60°C에서 30분 가열로 쉽게 파괴되는 독소로써 열에 민감한 이열성 독소heat-labile toxin, LT와 100℃의 높은 온도에서 30분 가열에도 잘 파괴되지 않는 열에 안정한 내열성 독소heat-stable toxin, ST를 분비한다.

① 식중독 발생 기전

음식에 증식한 ETEC을 섭취하면, ETEC가 형성한 독소는 장 상피세포에 작용하여 장 내 수분과 전해질의 분비를 증가시킴으로써 물 같은 수양성 설사를 유발한다.

② 예방 방법

ETEC 감염은 주로 오염된 음식이나 물을 통해 전파되며, 흔히 개발도상국에서 여행자들에게 발생하는 여행자 설사의 주된 원인이다. ETEC 감염을 예방하기 위해

서는 식수를 끓여 마시고 음식을 익혀서 섭취한다. 조리 시 조리도구는 고기용, 생선용, 채소용으로 구분하고 소독하여 사용한다. 설사 증상이 있다면 설사가 멈출 때까지 타인이 먹을 식품을 다루지 않도록 한다. 또한 흐르는 물에 비누로 30초 이상 씻는 등 개인 위생을 철저히 지키는 것이 중요하다.

주요 식중독 사례

ETEC는 전 세계적으로 식중독 주요 병원체 중 하나로, 국내에서도 ETEC에 의한 식중독은 간헐적으로 발생하고 있다. 특히 기온이 높을 때 식품을 통한 집단 발병이 보고된 바 있다. 국내에서의 ETEC 감염은 대체로 음식물과 식수 오염이 주요 원인이다. 주요 사례는 다음과 같다. 2012년 9월, 부산광역시에 위치한 3개의 학교에서 연쇄적으로 식중독이 발생했다. 약 180여명의 가검물을 검사한 결과, ETEC O169형이 검출됐다.

ETEC 감염에 의해 설사 등 증상이 발병하면, 경구 수분 보충이나 정맥을 통한 수액으로 빠른 시간 내에 호전된다. 항생제를 복용할 경우 증상 경감에 도움이 되지만, 보통 금방 호전되므로 항생제 치료가 필요하지 않다.

출처: 연합뉴스 보도자료(https://www.yna.co.kr/view/AKR20120927059700051)

(3) 바실러스 세레우스

바실러스 세레우스*Bacillus cereus*는 그람양성의 호기성 포자 형성균으로 토양, 식물, 물, 먼지 등 광범위한 환경에서 발견되고 식품 제조 시 쉽게 오염 가능하다. 바실러스 세레우스는 두 가지 유형의 식중독인 설사형 식중독diarrheal type과 구토형 식중독emetic type을 유발할 수 있는 병원성 미생물이다. 포자를 형성하므로 열, 건조, 방부제 처리 등 극한 환경에서 저항성을 갖고 생존할 수 있다. 따라서 가열 처리 후에도 음식에서 생존할 수 있다.

설사형 식중독은 장내에서 바실러스 세레우스가 생성한 장독소에 의해 발생한다. 잠복기는 6~15시간으로 감염 후 비교적 빠르게 설사와 복통을 유발하고 24시간 내에 증상이 사라진다. 장독소는 60°C, 5분 열처리에도 민감한 이열성 독소이다. 그 밖에 소화효소에 의해서도 쉽게 활성을 잃는다. 식중독은 오염된 육류, 유제품 등 단백질 식품이나 소스 등에서 주로 발생한다. 구토형 식중독은 음식에 증식한 바실러스 세레우스가 분비한 독소를 섭취함으로써 발생한다. 이 독소는 고온, 산성 및 알칼리 환경에서 안정적이기 때문에 조리 후에도 음식에 남을 수 있다. 잠복기는 30분~5시간 정도로 짧고 메스꺼움과 구토가 주요 증상이며, 일반적으로 몇 시간 내에 회복된다. 주로 쌀 제품, 국수 및 파스타와 같은 면류, 고추장, 된장 등의 식품에서 오염이 발생한다.

① 식중독 발생 기전

바실러스 세레우스에 의한 식중독은 두 가지 경로로 발생한다. 바실러스 세레우스가 오염된 음식에서 증식하면서 인체 내 장관에 정착하여 장독소를 분비하고, 이 독소가 설사형 식중독을 일으키는 것으로 알려졌다. 그리고 음식에 오염된 바실러스 세레우스가 생성한 독소를 경구적으로 섭취하여 구토형 식중독이 발생한다.

② 예방 방법

바실러스 세레우스의 포자는 가열된 후 장시간 상온에 방치된 음식에서 발아하여 증식한다. 이때 생성된 독소가 식중독을 발생시키므로 식품을 안전하게 보관하는 것이 무엇보다 중요하다. 따라서 이 균에 오염되기 쉬운 음식은 조리 후 빠른 시간 내에 섭취하고, 그렇지 못한다면 급속히 냉각하여 4℃ 이하에서 보관한다. 또한 균이 음식 조리 과정에서 오염되지 않도록 조리 환경과 개인 위생을 청결하게 유지한다.

주요 식중독 사례

바실러스 세레우스는 국내에서도 자주 보고되는 식중독의 원인균 중 하나로 열에 강한 포자를 형성해 조리 후에도 생존 가능하므로 위험성이 크다. 2008년 5월, 경상북도의 한 여자 고등학교에 학생, 교사, 직원 147명이 원인을 알 수 없는 설사 증세를 보였다. 역학 조사 결과, 음식과 가검물에서 바실러스 세레우스가 검출되었고 조리용 에어컨을 원인으로 추정했다. 에어컨 내 균의 포자가 음식을 식히는 과정에서 오염되었을 가능성이 있다. 2021년 11월, 옥천군 여자 중학교에 25명의 학생이 김치, 수육 등을 먹고 설사와 구토 증상을 보였다. 검사 결과, 배추겉절이에서 바실러스 세레우스가 검출되었다.

출처: 경향신문 보도자료(https://www.khan.co.kr/national/health-welfare/article/200810141809035); 동양일보 보도자료(http://www.dynews.co.kr/news/articleView.html?idxno=644564)

(4) 클로스트리디움 퍼프린젠스

클로스트리디움 퍼프린젠스*Clostridium perfringens*는 그람양성의 편성혐기성균으로 열과 건조에 저항성이 강한 포자를 형성한다. 장내에서 발견되므로 토양, 물 등 환경에 노출될 확률이 높다. 이 세균은 식중독을 유발할 뿐만 아니라 괴저gas gangrene의 주요 원인균으로써 가스괴저균 또는 웰치균으로 알려져 있다. 괴저는 상처에 균이 증식하게 되면 조직을 괴사시키고 가스를 형성하는 심각한 감염이다.

클로스트리디움 퍼프린젠스는 면역학적 특성과 분비하는 독소에 의해 6형(A~F형)으로 분류되며, 대표적인 식중독균은 A형이고 100℃에서 4시간 열처리에도 살아남는 내열성 포자를 형성한다. B~E형은 100℃에서 5분 가열하면 사멸한다. F형 균 또한 식중독을 일으킨다.

클로스트리디움 퍼프린젠스의 원인 식품은 주로 동물성 식품으로 어육류로 제조한 가공품이나 음식이다. 이 균에 의한 식중독의 잠복기는 비교적 짧으며, 보통 6~24시간 후에 증상이 나타난다. 주된 식중독 증상은 수양성 설사와 복통이다. 일반적으로 증상은 경미하고 하루 내에 회복되지만, 노약자 등 면역력이 약한 사람에게는 심각한 영향을 미칠 수 있으므로 주의해야 한다.

① 식중독 발생 기전

자연에 널리 존재하는 클로스트리디움 퍼프린젠스가 음식물에 오염되었을 때 쉽게 증식하며, 주로 가열 조리된 후 장시간 상온에 방치된 음식이 원인식품으로 알려져 있다. 식중독은 음식에 다량 증식한 클로스트리디움 퍼프린젠스를 섭취한 후 장독소 형성에 의해 발생한다. 이 균은 내열성 포자를 형성할 수 있기 때문에 조리 가열 과정에서 일부가 살아남아 생육 환경이 조성되면, 식품 내에서 증식할 수 있다.

② 예방 방법

클로스트리디움 퍼프린젠스는 조리 과정과 음식 보관 시 주의해야 할 식중독 원인균이다. 조리 후 적절하게 보관되지 않은 음식에서 포자가 발아해 균이 증식하고, 장관에서 장독소를 분비할 수 있다. 특히 단체급식소에서 대량으로 조리한 음식이 장시간 상온에서 방치될 때 문제가 발생할 수 있다. 대량으로 조리된 음식은 바로 섭취하거나, 보관 시 신속하게 냉각하고 60℃ 이상 또는 4℃ 이하에서 저장한다. 또한 음식을 적절히 소분하여 혐기적 환경이 조성되지 않도록 보관한다. 균을 사멸시키고 포자 형성을 방지하기 위해 고온에서 음식을 충분히 가열한다.

주요 식중독 사례

클로스트리디움 퍼프린젠스는 국내에서 빈번하게 보고되는 식중독 원인균 중 하나이다. 이 균은 산소가 부족한 환경에서 열에 강한 포자를 형성하므로 집단 급식소에서 대량으로 조리한 음식이 문제가 된다. 2016년 10월, 강원도의 한 예식장에서 갈비찜을 먹은 324명이 식중독 증상을 나타냈으며, 원인 식품은 대량 조리된 갈비찜이었다. 분석 결과 클로스트리디움 퍼프린젠스는 갈비찜에서 검출되었다. 2022년 1월, 대전 지역 9개 초등학교와 유치원에서 도시락을 섭취한 학생 50여 명이 식중독 의심 증상을 보여 환자를 대상으로 검사를 실시한 결과, 클로스트리디움 퍼프린젠스가 검출되었다.

출처: 동아일보 보도자료(https://www.donga.com/news/Society/article/all/20231030/121928622/1); 대한급식신문 보도자료(https://www.fsnews.co.kr/news/articleView.html?idxno=44855)

2) 신경독소

(1) 클로스트리디움 보툴리눔

클로스트리디움 보툴리눔*Clostridium botulinum*은 그람양성의 편성혐기성 내생포자 형성균으로 보툴리눔 독소botulinum toxin라는 매우 강력한 신경독소를 생성하는 세균이다. 이 독소는 사람에게 보툴리누스 중독botulism이라는 심각한 신경계 질환을 유발할 수 있으며, 특히 호흡 근육 마비로 인한 호흡 곤란으로 치명적일 수 있다. 그 밖에 시각 장애(복시, 시력 저하), 언어장애, 구강 건조, 연하 곤란, 근육 약화와 마비 증상이 나타날 수 있다. 잠복기는 보통 12~72시간이지만, 독소의 유형과 양에 따라 다를 수 있다.

신경독소는 총 7형(A~G형)으로 혈청형에 따라 분류하며, 식중독 발생과 관련이 있는 독소는 A, B, E, F이다. A, B, F형의 독소를 분비하는 균의 포자는 내열성이 강하고, E형 독소를 생성하는 균의 포자는 열처리에 약한 특징을 갖는다. 포자에 비해 이 균의 독소는 100℃에서 2~3분 또는 80℃에서 15분 열처리에 의해 활성을 잃는 이열성 독소이다.

① 식중독 발생 기전

식품 매개 보툴리누스 중독은 이 균에 오염된 음식에서 생성된 독소가 체내에 들어가는 경우 발생한다. 클로스트리디움 보툴리늄이 생성하는 보툴리늄 독소는 소장에 흡수되어 혈액으로 들어가 말초신경의 신경 접합부에서 신경 전달 물질인 아세틸콜린의 유리를 억제하여 근육을 마비시키는 작용을 한다. 주로 덜 익힌 육류나 과채류로 제조한 병·통조림, 진공 포장된 햄, 소시지 등에서 발생할 수 있으며, 이러한 음식은 저산소 환경을 제공하여 세균이 증식하기 쉽다. 보툴리늄 독소는 강력한 독소 중 하나이며, 소량으로도 신경계를 마비시킬 수 있다.

② 예방 방법

보통 클로스트리디움 보툴리늄의 독소에 의한 보툴리누스 중독은 드물지만, 발생 시 매우 심각한 중독 증세를 나타내므로 철저한 개인 위생 관리와 식품 보관에 각별한 주의가 필요하다. 독소는 85℃에서 5분이상 가열 시 파괴되나 포자는 열과 건조한 환경에 잘 견디므로, 식품을 충분히 가열하여 섭취한다. 통조림 가공 시 멸균 처리되어야 하며, 통조림이 손상되었거나 부풀어 있는 경우 섭취를 피해야 한다. 특히 꿀에는 이 균의 포자가 존재할 수 있으므로 1세 이하의 영아에게는 꿀을 먹이는 것은 권장되지 않는다.

주요 식중독 사례

국내에서 클로스트리디움 보툴리늄에 의한 보툴리누스 중독은 드물지만 감염 시 신경독소에 의해 치명적인 결과를 초래한다. 2003년 6월, 대구광역시에 거주하는 일가족 3명이 찜질방에서 판매하던 소시지를 먹고 병원 입원 치료 중 보툴리누스 중독이 의심되어 관할 보건소에 신고하였고, 환자 가검물에서 독소 검사 결과 보툴리누스 중독으로 최종 확인되었다. 2019년 6월, 전라북도 전주시에 거주하는 생후 4개월 영아는 6월 초부터 수유량 감소, 눈꺼풀 처짐 등의 증상이 발생하여 의료기관에서 입원 치료를 받았으며, 검사 결과 보툴리늄 독소가 환아의 대변검체에서 검출되었다.

병원에서는 보툴리누스 중독 증세가 의심될 경우 즉각 항독소를 투여한다. 단, 영아에게 항독소를 투여할 경우 아나필락시스와 감작의 가능성이 있으므로 신중해야한다. 항독소는 보툴리늄 독소에 의한 신경계 마비를 막아주기 때문에 조기 치료가 매우 중요하다. 또한, 환자의 증상이 심각한 경우, 호흡을 보조하는 치료가 필요할 수 있다.

식품 전반에 대해 「식품위생법」 제7조에 따른 「식품의 기준 및 규격」의 내용이 수록된 식품공전을 고시하여 클로스트리디움 보툴리늄에 의한 식중독을 예방하고 있다.

2. 식품 안전 규제 및 표준

1) 국제 표준 및 규제

국제식품규격위원회 CodexCodex Alimentarius Commission는 FAO와 WHO의 합동운영기구로서 전 세계적으로 통용될 수 있는 식품 관련 기준 및 규격, 원칙, 지침 등을 제정하는 정부 간 협의기구이다. 국제식품미생물규격위원회ICMSF, International Commission on Microbiological Specifications for Food는 Codex의 기준 설정을 위한 미생물학적 분석과 과학적 근거 등 미생물학적 위험에 대한 전문성을 제공한다.

2) 미생물 기준 규격 설정 원칙

- 이균법(n, c, m), 삼균법(n, c, m, M) 도입: 식품마다 미생물의 오염은 균일하지 않으므로 미생물 기준 규격을 과학적·합리적으로 적용하기 위해 시료수 확대, 검출수준의 범위 지정 등을 고려한다.
- ICMSF 국제식품미생물규격위원회, 미국, 유럽연합, 호주 등에서 미생물 관리에 적용한다.
- 이균법은 고위해성 식중독균, 삼균법은 저위해성 식중독균 및 위생지표균에 적용한다(표 10-1, 표 10-2).

n = 검사 시료수
c = 최대허용 시료수, 허용기준치(m)를 초과하고 최대 허용한계치(M) 이하인(> m and ≤ M) 시료의 수로서 결과가 m을 초과하고 M이하인 시료의 수가 c 이하일 경우에는 적합으로 판정
m = 미생물 허용기준치로서 결과가 모두 m 이하인 경우 적합으로 판정
M = 미생물 최대허용한계치로서 결과가 하나라도 M 초과하는 경우는 부적합으로 판정

표 10-1 고위해성 및 저위해성 식중독균(식품 등 기준설정 원칙, 식품의약품안전처)

	고위해성 식중독균	저위해성 식중독균
식중독균	1. 살모넬라 2. 장출혈성대장균 3. 리스테리아 모노사이토제네스 4. 캠필로박터 제주니 5. 캠필로박터 콜리 6. 여시니아 엔테로콜리티카 7. 클로스트리디움 보툴리늄 8. 크로노박터	1. 황색포도상구균 2. 장염비브리오 3. 클로스트리디움 퍼프린젠스 4. 바실러스 세레우스
바이러스	1. 노로바이러스	

표 10-2 미생물의 위해도를 근거로 한 규격 설정(국제식품미생물규격위원회, ICMSF)

미생물의 위해도	시료채취 후 섭취까지 과정에서 위해도의 변화		
	위해도 감소	변화 없음	위해도 증가
일반 오염	Case 1 n=5, c=3	Case 2 n=5, c=2	Case 3 n=5, c=1
낮은 위해, 지표세균	Case 4 n=5, c=3	Case 5 n=5, c=2	Case 6 n=5, c=1
생명을 위협하지 않는 중증도의 위해	Case 7 n=5, c=2	Case 8 n=5, c=1	Case 9 n=10, c=1
심각한 위해, 경우에 따라 생명을 위협	Case 10 n=5, c=0	Case 11 n=10, c=0	Case 12 n=20, c=0
매우 심각한 위해, 생명을 위협하거나 장기간의 치료를 요함	Case 13 n=15, c=0	Case 14 n=30, c=0	Case 15 n=60, c=0

3) 식품별 기준 및 규격

우리나라의 식품공전에 수록되어 있는 식품별 식중독균의 규격은 국제 기준을 준수하여 설정되었으며, 다음 표 10-3과 같다.

표 10-3 식품별 주요 식중독균의 규격(식품공전)

식품	식중독균	규격
과자류, 빵류 또는 떡류	황색포도상구균	n=5, c=0, m=0/10g[1)]
	대장균	n=5, c=1, m=0, M=10(떡류에 한함)
당류가공품	대장균	n=5, c=1, m=0, M=10[2)]
면류	대장균	n=5, c=1, m=0, M=10(주정처리제품에 한함)
영아용, 성장기용 조제유	바실러스 세레우스	n=5, c=0, m=100(멸균제품은 제외)
	황색포도상구균	n=5, c=0, m=0/25 g
	클로스트리디움 퍼프린젠스	n=5, c=0, m=0/25 g
영아용, 성장기용 조제식 영·유아용 이유식	바실러스 세레우스	n=5, c=0, m=100(멸균제품은 제외)
체중조절용 조제식품[3)]	바실러스 세레우스	n=5, c=0, m=100[4)]
식단형 식사관리식품	대장균	n=5, c=1, m=0, M=10 (살균제품은 제외)
	바실러스 세레우스	1g 당 1,000 이하
	황색포도상구균	1g 당 100 이하
	클로스트리디움 퍼프린젠스	1g 당 100 이하
소스류	대장균	n=5, c=1, m=0, M=10[5)]
카레(커리)	대장균	n=5, c=1, m=0, M=10(살균제품은 제외)
고춧가루 또는 실고추	대장균	n=5, c=2, m=0, M=10
향신료가공품	대장균	n=5, c=2, m=0, M=10(살균제품, 건조제품 제외)
절임류	대장균	n=5, c=1, m=0, M=10(비살균제품에 한한다)
발효주류	대장균	n=5, c=2, m=0, M=10(탁주, 약주에 한함, 살균제품 제외)
전분류	대장균	n=5, c=1, m=0, M=10[6)]
효소식품	대장균	n=5, c=1, m=0, M=10
기타 농산가공품류	대장균	n=5, c=1, m=0, M=10[7)]
햄류	대장균	n=5, c=2, m=10, M=100(생햄에 한함)
	황색포도상구균	n=5, c=1, m=10, M=100[8)] n=5, c=2, m=10, M=100(생햄)
소시지류	대장균	n=5, c=2, m=10, M=100(발효소시지에 한함)
	황색포도상구균	n=5, c=1, m=10, M=100[8)] n=5, c=2, m=10, M=100(발효소시지)
식육추출가공품	대장균	n=5, c=1, m=0, M=10[9)]
식육간편조리세트	대장균	n=5, c=1, m=0, M=10
	황색포도상구균	1 g 당 100 이하
우유류[10)]	황색포도상구균	n=5, c=0, m=0/25g
치즈류	대장균	n=5, c=1, m=10, M=100(치즈)
	황색포도상구균	n=5, c=2, m=10, M=100
	클로스트리디움 퍼프린젠스	n=5, c=2, m=10, M=100(비살균원유로 만든 치즈에 한함)

식품	식중독균	규격
유함유가공품	대장균	n=5, c=1, m=0, M=10
	황색포도상구균	n=5, c=0, m=0/25g
건포류	대장균	n=5, c=2, m=0, M=10
	황색포도상구균	n=5, c=1, m=10, M=100(조미건어포에 한함)
기타 수산물가공품	대장균	n=5, c=1, m=0, M=10[2]
곤충가공식품	대장균	n=5, c=1, m=0, M=10[2]
추출가공식품	대장균	n=5, c=1, m=0, M=10[9]
로열젤리류,화분가공식품	대장균	n=5, c=1, m=0, M=10
생식류	대장균	n=5, c=2, m=0, M=10
	바실러스 세레우스	1 g 당 1,000 이하
	클로스트리디움 퍼프린젠스	n=5, c=2, m=100, M=1,000
신선편의식품	대장균	n=5, c=1, m=10, M=100
	바실러스 세레우스	1 g 당 1,000 이하
	황색포도상구균	n=5, c=1, m=100, M=1,000
	클로스트리디움 퍼프린젠스	n=5, c=2, m=100, M=1,000
즉석섭취식품	대장균	n=5, c=1, m=0, M=10
	바실러스 세레우스	1 g 당 1,000 이하
	황색포도상구균	n=5, c=1, m=100, M=1,000
	클로스트리디움 퍼프린젠스	n=5, c=2, m=100, M=1,000
즉석조리식품	대장균	n=5, c=1, m=0, M=10(살균, 멸균제품은 제외)
	황색포도상구균	n=5, c=1, m=100, M=1,000
간편조리세트	대장균	n=5, c=1, m=0, M=10
	황색포도상구균	n=5, c=1, m=100, M=1,000
만두류	대장균	n=5, c=1, m=0, M=10(만두피 중 주정처리제품에 한함)
효모식품	대장균	n=5, c=1, m=0, M=10
기타가공품	대장균	n=5, c=1, m=0, M=10[2]

1) 다만, 크림(우유, 달걀, 유크림, 식용유지를 주원료로 이에 식품이나 식품첨가물을 가하여 혼합 또는 공기혼입 등의 가공공정을 거친 것을 말한다.)을 도포 또는 충전 후 가열살균하지 않고 그대로 섭취하는 빵류에 한한다.

2) 비살균제품 중 더 이상 가공, 가열 조리를 하지 않고 그대로 섭취하는 제품에 한한다.

3) 고령자용 영양조제식품, 표준형 영양조제식품, 맞춤형 영양조제식품의 바실러스 세레우스 규격 또한 동일하다.

4) 단, 장류를 원료로 사용하는 제품은 n=5, c=0, m=1,000

5) 비살균제품에 한하며, 복합조미식품은 n=5, c=2, m=0, M=10으로 한다.

6) 비살균 전분가공품 중 더 이상 가공, 가열 조리를 하지 않고 그대로 섭취하는 제품에 한한다.

7) 비살균 과·채가공품과 더 이상 가공, 가열조리를 하지 않고 그대로 섭취하는 비살균제품에 한한다.

8) 살균제품 또는 그대로 섭취하는 제품에 한한다.

9) 살균제품 또는 그대로 섭취하는 액상제품은 제외한다

10) 가공유류, 산양유, 발효유류, 버터유, 농축유류, 유크림류, 버터류의 황색포도상구균 규격 또한 동일하다.

FOOD MICROBIOLOGY

chapter

11

프로바이오틱스와 프리바이오틱스

1. 프로바이오틱스의 정의와 기능
2. 프로바이오틱스의 종류
3. 프리바이오틱스의 정의와 기능
4. 프리바이오틱스의 종류
5. 신바이오틱스 및 포스트바이오틱스의 정의와 기능
6. 프로바이오틱스 및 프리바이오틱스의 시장 동향

chapter 11

프로바이오틱스probiotics와 프리바이오틱스prebiotics는 우리의 장 건강뿐만 아니라 전반적인 인체 건강에 긍정적인 영향을 미친다. 프로바이오틱스는 유익한 미생물을 의미하며 프리바이오틱스는 유익균의 증식을 돕는 인자로서 상호작용을 통해 장내 미생물의 균형을 유지하는 데 도움을 준다(그림 11-1). 프로바이오틱스는 살아있는 유익균으로서 직접적으로 소화기능에 도움을 주며 장내 환경 변화에 긍정적인 영향을 미쳐 인체 면역기능 개선에 도움을 줄 수 있다. 또한 유해 세균의 증식을 억제하여 장내 염증을 완화하고 설사나 변비를 예방하는 데 기여할 수 있다.

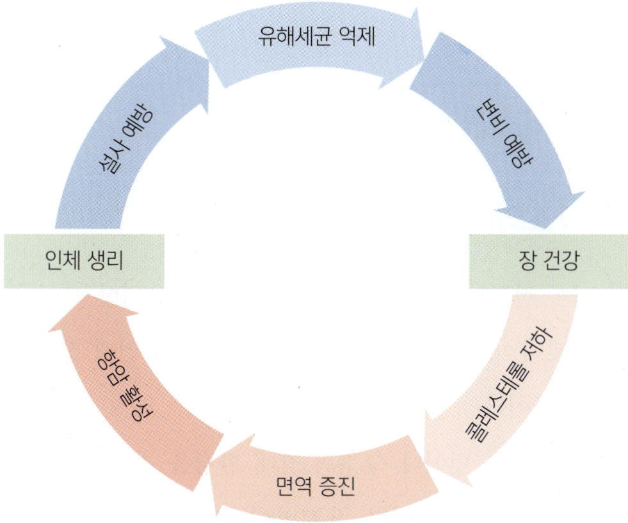

그림 11-1 프로바이오틱스의 기능성

프리바이오틱스는 장내 유익한 세균의 증식을 도와주는 인자로서 대부분 난소화성의 탄수화물이며 이는 인체 소화효소에 의해 쉽게 소화되지 않으며 장까지 전달되어 장내 유익균의 에너지원으로 사용된다. 따라서 프리바이오틱스는 프로바이오틱스의 선택적인 증식을 도와 장내 환경을 개선하고 유해 세균의 증식을 억제함으로써 장 건강을 장기적으로 유지하는 데 도움을 줄 수 있다.

프로바이오틱스와 프리바이오틱스는 단독이 아닌 복합적으로 작용할 때 그 효과가 극대화된다. 즉, 프리바이오틱스는 프로바이오틱스가 증식할 수 있는 환경을 제공하고, 프로바이오틱스는 프리바이오틱스를 효과적으로 활용하여 장내 환경 개선에 도움을 준다. 이러한 상호작용은 장내 소화 효율 개선과 함께 면역 증강 등 전반적인 인체 생리에 긍정적인 영향을 미친다.

장 건강에서 미생물 균총의 균형 유지는 아주 중요하여 이것이 깨질 경우, 염증성 질환 등 다양한 문제가 발생할 수 있다. 따라서 이러한 문제를 사전에 예방하기 위해서는 프로바이오틱스와 프리바이오틱스를 꾸준하게 섭취하여 장내 미생물 균총의 균형을 유지하는 것이 중요하다. 이는 건강기능식품의 섭취가 아니더라도 식이섬유가 포함된 식단이나 유산균이 함유된 발효식품을 꾸준하게 섭취하는 것으로도 가능하다.

1. 프로바이오틱스의 정의와 기능

1) 프로바이오틱스의 정의

프로바이오틱스는 '적절한 양을 섭취했을 때 숙주에 유익한 작용을 하는 생균'으로 정의한다. 즉, 프로바이오틱스는 살아있는 생균으로서 인체 장과 전신 생리에 영향을 미치는 유익한 균이다.

이들은 단순한 미생물을 벗어나 숙주의 장내 환경을 개선하고 인체 항상성 유지에서 중요한 역할을 하는 동반자이다. 프로바이오틱스는 유해 세균의 증식을 억제하여 염증을 줄이고 면역체계를 강화하도록 작용한다.

또한 프로바이오틱스는 소화 과정에서 소화를 촉진하고, 영양소의 흡수를 도와 에너지 대사를 활성화한다. 이들은 물리적 장벽을 강화함으로써 장 누수 현상을 방지하여 유해 세균 및 유해 물질의 인체 내 흡수를 방해한다.

따라서 프로바이오틱스는 단순한 소화 기능 강화에서부터 건강한 장내 생태계 구축을 통한 전신 건강에 도움을 주는 생명현상의 필수요소이다.

2) 프로바이오틱스의 기능

프로바이오틱스는 인체 유익균으로서 인체 공생관계에 있는 다양한 균들과 조화

롭게 균총을 형성하여 여러 가지 기능을 수행한다. 이들은 장 건강을 포함하여 인체 전신에 영향을 미치며 항상성 유지를 위한 세밀한 조절을 수반한다.

역사적으로 프로바이오틱스는 러시아 태생의 메치니코프 '장수 이론'에 근간을 두고 있으며 중요한 기작으로 장내 유해 세균을 억제하는 데 있다.

그림 11-2 메치니코프
출처: 위키백과

즉, 프로바이오틱스는 유익균의 증식과 유해 세균의 억제 기작을 통해 장내 미생물 균총의 균형을 유지하고 장내 생태계를 안정시켜 숙주의 건강 상태를 최적화한다.

프로바이오틱스의 다른 주요 기능 중에 하나는 면역 시스템 강화이다. 장관 면역은 인체 면역의 70% 이상을 담당하고 있으며 많은 면역 세포가 포진하고 있어 병원성 세균을 포함하여 외부 유해 인자들을 적절하게 제어한다. 이러한 면역 체계가 정상적으로 작동하고 과민반응을 조절해 주는 역할을 프로바이오틱스가 수행한다.

프로바이오틱스는 소화 관련 효소들을 분비하여 섭취된 음식물의 소화를 돕고 영양소의 흡수를 촉진한다. 특히 인체 내에서 생합성이 되지 않는 비타민 K와 비타민 B군과 같은 중요한 영양소를 합성해 인체에 공급함으로써 신진대사를 원활하게 한다.

최근 연구에서는 장 건강이 뇌 건강과도 밀접하게 연결되어 있는 것으로 밝혀져 프로바이오틱스가 장-뇌 축gut-brain axis을 통해 정신 건강에도 영향을 미칠 수 있음을 유추할 수 있다. 즉 프로바이오틱스는 직·간접적으로 세로토닌serotonin, 5-hydroxy-tryptamine과 같은 신경 전달 물질의 생성에 관여하며 스트레스, 불안, 우울증 등의 증상을 완화하는 데 도움을 줄 수 있다.

프로바이오틱스는 장벽을 조밀하게 유지하여 유해 물질이 인체 내로 흡수되는 것을 차단한다. 이를 통해 염증 반응을 완화하고 대사 및 장 관련 질환의 발병 위험을 줄이는 데 기여한다.

종합적으로, 프로바이오틱스는 인체 다양한 기능을 복합적으로 수행하는 유익균으로서 단순한 공생 미생물을 넘어 직·간접적으로 인체 건강과 항상성 유지에 핵심적인 역할을 수행하고 있다.

2. 프로바이오틱스의 종류

프로바이오틱스에는 다양한 균 속과 균 종이 포함되며 각기 다른 방식으로 인체에 유익한 작용을 한다. 대표적으로 락토바실러스*Lactobacillus*속과 비피도박테리움*Bifidobacterium*속이 여기에 속하며 이외에도 다양한 유산균과 효모, 바실러스, 대장균 등이 포함된다. 참고로 식품의약품안전처에서는 19개 균종을 건강기능식품 고시형 프로바이오틱스 균종으로 지정하고 있다(표 11-1).

표 11-1 식품의약품안전처 건강기능식품 고시형 프로바이오틱스 균종(19종)

속	종
Lactobacillus	*L. acidophilus, L. casei, L. gasseri, L. delbrueckii ssp. bulgaricus, L. helveticus, L. fermentum, L. paracasei, L. plantarum, L. reuteri, L. rhamnosus, L. salivarius*
Lactococcus	*Lc. lactis*
Enterococcus	*E. faecium, E. faecalis*
Streptococcus	*S. thermophilus*
Bifidobacterium	*B. bifidum, B. breve, B. longum, B. animalis ssp. lactis*

1) 락토바실러스

락토바실러스*Lactobacillus*는 프로바이오틱스 중에서 가장 잘 알려진 균 속으로, 인체 장내에서 효소를 활용하여 유당을 분해하고, 젖산을 생성하여 장내 pH를 낮추고, 유해 세균의 번식을 막아 장내 환경을 개선한다. 발효식품에도 다양한 락토바실러스속 균종들이 포함되어 있는 것으로 알려져 있으며 특히 락토바실러스 플란타룸*Lactobacillus plantarum*은 김치의 산도를 높이는 대표적인 균종으로 알려져 있으며 다양한 기능성을 나타낸다.

2) 비피도박테리아

비피도박테리아*Bifidobacterium*는 주로 대장에 서식하며, 인체 면역 활성에 관여한다. 이들은 유기산 중 항균활성이 우수한 초산을 생성하여 장내 유해 세균을 효율적으로 억제할 수 있으며 이를 통해 염증을 완화한다. 비피도박테리아는 일종의 지표 박테리아로서 유아기에 우점균을 형성하며 활성을 보이다가 이후 나이가 들면서 그 구성 비율이 줄어드는 것으로 알려져 있어 이를 개선하기 위한 소재 또한 각광을 받고 있다. 비피도박테리아는 유아의 면역력 강화에서 핵심적인 역할을 수행하며 전반적인 장 건강 유지에도 도움을 준다.

3) 스트렙토코쿠스 써모필루스

스트렙토코쿠스 써모필루스*Streptococcus thermophilus*는 유제품을 발효시키는 데 중요한 역할을 하며, 요거트, 치즈 등 발효 유제품에서 흔히 발견된다. 이들은 탄수화물과 단백질을 분해하는 효소를 생산하여 식품의 소화와 흡수를 도우며 특히 발효유 제조 시 우유 속 유당을 효율적으로 분해하여 유당 불내증을 가진 사람들의 불편감과 장애를 완화한다.

4) 사카로마이세스 불라디

사카로마이세스 불라디*Saccharomyces boulardii*는 다른 박테리아 기반의 프로바이오틱스와 달리 효모 프로바이오틱스이며, 유해 세균을 억제하고 급성 설사 증세를 완화하는 데 효과적이다. 특히 항생제 복용 후 정상적인 장내 균총이 깨어졌을 때 이를 회복하는 데 도움을 준다. 또한 사카로마이세스 불라디는 장 면역을 강화하고 염증을 줄이는 데도 기여할 수 있다.

5) 엔테로코쿠스 페슘

엔테로코쿠스 페슘*Enterococcus faecium*은 주로 소장과 대장에 서식하며, 장관계 기능을 개선한다. 이들은 음식물의 소화를 도우며 엔테로신enterocin과 같은 박테리오신을 생산하여 유해 세균을 억제한다. 특히, 항생제 내성 병원성 세균에 대한 항균 활성이 우수하여, 항생제 복용에 따른 장내 환경 개선에 도움을 준다.

6) 프로피오니박테리아

프로피오니박테리아*Propionibacterium*는 체내 비타민 B군과 비타민 K 공급원으로 잘 알려져 있다. 이들은 장내에서 에너지 대사를 돕고, 신진대사와 관련된 여러 과정을 최적화한다. 특히 이 박테리아가 생산하는 비타민 K는 혈액 응고와 뼈 건강에 필수적인 역할을 하며, 이를 통해 인체 전신 건강이 유지되도록 돕는다.

7) 류코노스톡

류코노스톡*Leuconostoc*은 김치를 포함하는 다양한 발효식품의 발효 과정에서 중요한 역할을 수행한다. 특히 김치 발효 과정에서 생산되는 만니톨mannitol과 이산화탄소는 김치에 청량감을 주어 기호도를 향상시킨다. 또한 이들이 생산하는 이소말토올리고당isomaltooligosaccharide, IMO은 장내 유익균의 성장을 촉진한다.

프로바이오틱스는 균속 혹은 균종에 따라 다양한 기능성을 가지며 이들의 복합적인 작용을 통하여 보다 건강한 인체 장내 환경을 만들 수 있다. 또한 개인의 장내 균총에 대한 정보를 분석할 수 있다면 개인에 최적화된 균속 혹은 균종의 조합이 가능하여 개인 맞춤형 건강기능식품으로도 개발이 가능할 것이다.

3. 프리바이오틱스의 정의와 기능

1) 프리바이오틱스의 정의

프리바이오틱스는 '숙주에 유익한 작용을 하는 미생물에 의해 선택적으로 이용되는 기질'로 정의한다. 프리바이오틱스는 유익균의 선택적인 증식을 위한 영양원으로서 장내 건강한 생태계 유지에 필수적이다. 프리바이오틱스는 인체 소화효소에 의해 소화되지 않아 장까지 전달되고 장내 유익균의 효소에 의해 이용 가능한 수준으로 분해되어 유익균의 선택적인 증식을 돕는다.

프리바이오틱스는 대부분 식이섬유와 비소화성 탄수화물로 구성되어 있으나, 최근에는 불포화지방산, 파이토케미컬 등 천연물 중에서 유익균의 선택적인 증식을 도우며 이를 프리바이오틱스 영역에 포함하기도 한다.

프리바이오틱스는 단순한 '유익균의 먹이'를 넘어서 장내 유익균과의 조화로운 협력 관계를 통하여 소화 촉진, 유해 세균 억제, 배변활동 원활, 장 건강, 면역력 증진 등에 관여한다.

2) 프리바이오틱스의 기능

프리바이오틱스는 인체 장내에서 유익균의 선택적인 에너지원으로 사용되면서 건강한 장내 미생물 생태계를 구축 및 유지하는 데 기여한다.

이들은 대부분 인체 소화효소에 의해 분해가 어려운 섬유소나 비소화성 탄수화물로 구성되어 장까지 도달하고 유익균이 생산하는 효소에 의해 분해되어 에너지원으로 활용된다. 특히 비피도박테리아와 락토바실러스 같은 유익균의 성장을 촉진하며, 반대로 유해 세균들의 성장을 억제한다. 이 과정을 통해 장내 미생물 군집의 균형이 유지되며, 건강한 장 환경이 지속된다.

프리바이오틱스는 장내 유익균 증식에 따른 pH 수준을 낮추고, 젖산을 포함한 유기산을 생성하여 유해 세균의 성장을 억제한다. 유해 세균의 억제는 장 건강을 유지하고 염증성 질환을 예방하는 데 도움을 줄 수 있다.

프리바이오틱스는 장내 유익균과 협력하여 면역력을 강화하는 데 도움을 줄 수 있다. 즉, 유익균의 증식은 외부에서 유입되는 병원성 균을 효과적으로 제어하고 장벽을 강화하며 면역 세포에 대한 훈련을 통해 면역력을 강화한다.

프리바이오틱스는 장 운동을 촉진하여 소화 과정을 돕는다. 이들은 대장에서 물을 흡수하고, 변을 부드럽게 만들어 배변 활동을 원활하게 한다. 특히 변비가 있는 사람들에게 프리바이오틱스는 장의 연동운동을 활성화하여 배변을 유도한다. 동시에 소화 효율을 높여 영양소 흡수를 도우며, 인체 에너지 대사에 기여한다.

프리바이오틱스는 신진대사 과정의 최적화에도 도움을 주는데 이는 장내 유익균의 단쇄 지방산 생성을 도와 체지방 축적을 줄이고 대사 기능을 향상시킨다.

프리바이오틱스는 프로바이오틱스의 증식과 연계하여 장-뇌 축에서도 중요한 역할을 수행한다. 장내에서의 유익균 증식을 촉진하여 세로토닌과 같은 신경전달물질의 생산을 유도하여 정서적 안정감을 강화한다. 따라서 프리바이오틱스는 프로바이오틱스와 연계하여 장 건강을 넘어 정신 건강에도 긍정적인 역할을 수행할 수 있다.

4. 프리바이오틱스의 종류

프리바이오틱스는 장내 유익균의 성장을 돕는 비소화성 섬유소나 탄수화물로, 종류에 따라 각기 다양한 고유의 역할을 수행한다. 이들은 서로 다른 방향으로 장내 미생물 생태계를 최적화하며, 궁극적으로 인체 건강에 긍정적인 영향을 미친다.

1) 이눌린

이눌린inulin은 가장 대표적인 프리바이오틱스 중 하나로, 주로 치커리 뿌리, 아스파라거스, 바나나 등에 존재하는 복합 탄수화물이다. 유익균은 이눌린을 먹고 성장하여, 장내 유해 세균의 증식을 억제함으로써 장내 환경을 개선한다. 이눌린은 특히 비피도박테리아의 성장을 도와 장 건강을 유지하고 인체 다양한 생리활성을 유도한다.

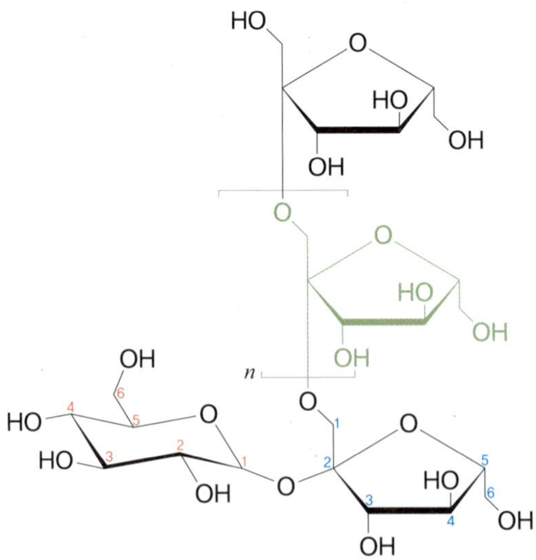

그림 11-3 이눌린 구조

2) 프락토올리고당

프락토올리고당fructooligosaccharides, FOS은 짧은 체인의 프락토스fructose 분자로 구성된 프리바이오틱스로, 양파, 마늘, 바나나, 꿀 등에 포함되어 있다. 이들은 유익균에 의해 빠르게 분해되어 에너지원으로 사용된다. 특히 비피도박테리아와 락토바실러스속과 같은 유익균들을 증식시켜 장내 환경을 개선하고 염증을 완화한다.

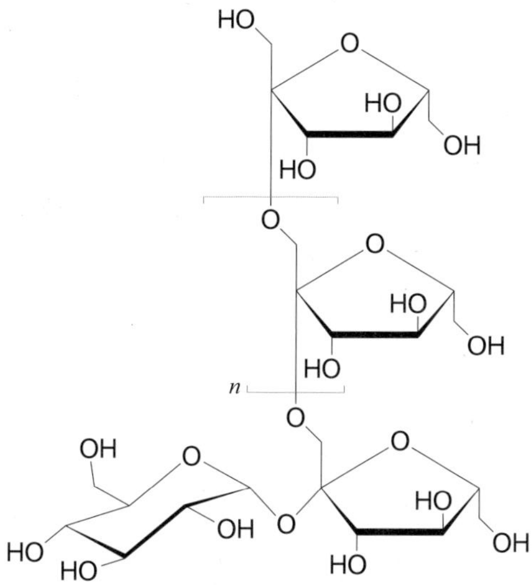

그림 11-4 프락토올리고당 구조

3) 갈락토올리고당

갈락토올리고당galactooligosaccharides, GOS은 우유와 같은 유제품에서 자연적으로 발견되는 프리바이오틱스로, 특히 신생아의 장내 환경에서 중요한 역할을 한다. 이들은 모유에도 풍부하게 포함되어 있어 신생아의 장내 유익균 증식을 통한 장내 환경 개선에 도움을 주고, 면역 체계 형성에도 기여한다. 또한, 갈락토올리고당은 성인에게도 유아에서와 같은 효과가 발휘될 수 있어 주요 프리바이오틱스 소재로 활용되고 있다.

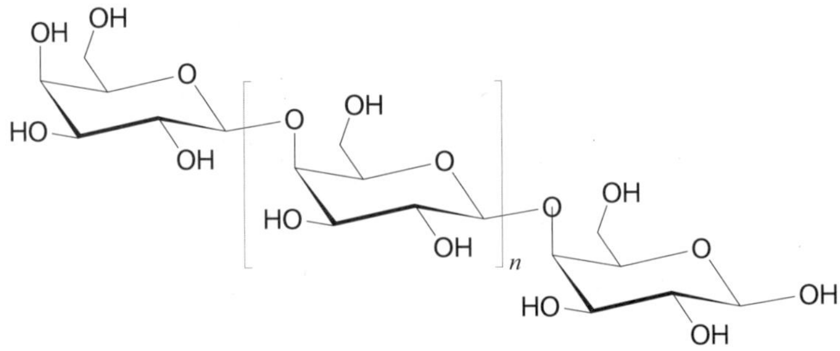

그림 11-5 갈락토올리고당 구조

4) 저항성 전분

저항성 전분resistant starch은 감자, 옥수수, 콩류 등에 포함된 소화되지 않는 전분으로, 유익균이 서서히 분해해서 사용할 수 있는 느린 에너지원이다. 이 전분은 장내에서 천천히 분해되어 유익균에게 오랫동안 영양을 공급하며, 대장에서 단쇄 지방산을 생성해 염증을 완화하고, 인체 대사 개선에 기여한다.

5) 펙틴

펙틴pectin은 사과, 감귤류 등에서 발견되는 수용성 섬유질로, 갈락토스galactose의 산화물인 갈락투론산galacturonic acid으로 구성되며 장내 유익균을 보호하고 유해 세균의 증식을 억제한다. 이들은 장내에서 젤 형태로 변화하여 소화 속도를 늦추고, 유익균이 이를 활용할 수 있도록 한다. 펙틴은 대사질환 관련 콜레스테롤 및 혈당의 수치를 안정화하고 심혈관 건강에도 긍정적인 영향을 미친다.

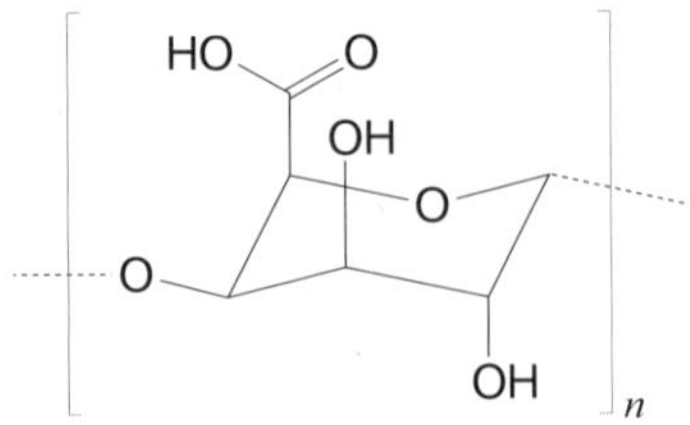

그림 11-6 폴리갈락투론산 구조

6) 자일로올리고당

자일로올리고당xylooligosaccharides, XOS은 곡물, 대두 등 자일로스를 함유한 식품에 존재하는 프리바이오틱스이다. 이는 장내 환경을 개선하고 유익균의 증식 속도를 높임으로써 pH를 떨어뜨려 유해 세균이 성장할 수 없도록 하며 소화 효율을 높이고 면역력을 강화한다.

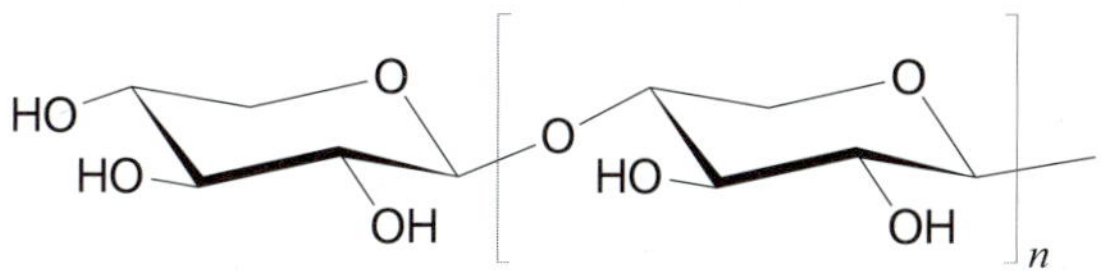

그림 11-7 자일로올리고당 구조

프리바이오틱스는 이처럼 각기 다른 화학적 구조를 가지면서 장내 유익균들을 선택적으로 증식시키며 그 결과 장내 환경을 개선하고 장내 미생물 균총의 균형을 유지하며 궁극적으로 인체 전신 건강에 긍정적인 영향을 미친다.

5. 신바이오틱스 및 포스트바이오틱스의 정의와 기능

1) 신바이오틱스

신바이오틱스synbiotics는 프로바이오틱스와 프리바이오틱스를 조합한 개념으로 장내 미생물 균총의 균형을 최적화하여 인체 건강을 증진하는 역할을 한다. 즉, 프로바이오틱스와 프리바이오틱스의 상호작용을 통한 시너지 효과를 발휘하여 유익균의 생존율을 높이고 동시에 장내 환경을 개선하여 건강을 증진한다.

신바이오틱스는 프로바이오틱스와 프리바이오틱스가 발휘하는 기능성을 공유한다. 즉, 신바이오틱스는 장 건강 개선, 소화 기능 개선, 면역력 강화, 대사질환 예방 등의 효능이 있으며 조합에 따라 특징적인 효능을 나타낼 수 있다. 예를 들면 락토바실러스와 이눌린을 조합하면 장 건강 개선에 효율적으로 활용할 수 있고, 비피도박테리아와 프락토올리고당을 조합하면 변비 예방에 효과가 있다.

따라서 신바이오틱스는 최적의 장 건강 솔루션이 될 수 있으며 장내 환경 개선을 통한 면역력 강화 및 대사질환 개선 등 다양한 건강 기능성을 제공할 수 있어 앞으로 관련 소재 개발을 위한 연구는 물론 시장의 확대가 기대된다.

2) 포스트바이오틱스

최근 포스트바이오틱스postbiotics에 대한 학술적, 산업적 관심도 증가하고 있다. 포스트바이오틱스는 프로바이오틱스의 대사 과정을 통해 생산되는 유익한 대사 산물(유기산, 효소, 펩타이드 등) 및 프로바이오틱스 사균체를 포함한다. 이는 살아있는 균이 아니기 때문에 소재의 안정성이 높으며 장 건강 및 면역 조절에서 우수한 효과를 나타낸다. 포스트바이오틱스에 포함되는 주요 소재로는 단쇄지방산scfas, short chain fatty acids, 박테리오신bacteriocin, 세포외 다당체EPS, exopolysaccharide, 효소, 아미노산 및 펩타이드 등이 있다. 단쇄지방산은 장내 pH 조절, 장 점막 보호, 항염 효과 등을 나타내며 박테리오신은 유해 세균 억제를 통한 항균작용을 나타낸다. 세포외 다당체는 면역 및 항암 활성이 있으며 효소는 소화 촉진 및 대사 활성화에 기여한다.

따라서 프로바이오틱스와 같은 생균 소재의 단점을 극복하면서 비슷한 수준의 효능을 기대할 수 있는 포스트바이오틱스는 장기적으로 장 건강을 위한 우수한 소재가 될 수 있다.

6. 프로바이오틱스 및 프리바이오틱스의 시장 동향

프로바이오틱스와 프리바이오틱스 시장은 최근 몇 년간 급성장하여, 소비자들이 건강을 위해 우선적으로 선택하는 대표적인 건강기능식품으로 자리 잡고 있다. 특히 최근 COVID-19과 같은 팬데믹pandemic을 겪으면서 면역력에 대한 관심이 증대되었고, 이에 따라 프로바이오틱스 및 프리바이오틱스 제품 시장이 크게 성장한 것으로 보인다.

1) 장 건강에서 전신 건강으로의 기능성 확장

프로바이오틱스와 프리바이오틱스는 초기에는 장내 유익균 증식, 유해 세균 억제 및 배변 활동 원활 등과 같은 장 건강에 집중되었지만, 최근의 연구 성과들은 장 건강을 넘어 전신 건강에도 긍정적인 영향을 미치는 것으로 보고되고 있다. 즉, 장 건강을 중심으로 면역 증강, 피부 건강, 대사질환, 뇌 건강 등 인체 다양한 생리에 영향을 미치고 있으며 이는 프로바이오틱스 및 프리바이오틱스가 소비자들의 전반적인 건강 개선에 영향을 미칠 수 있기 때문에, 향후 시장 확장성이 매우 클 것으로 예상된다.

2) 개인 맞춤형 프로바이오틱스 시장 창출

최근 개인 맞춤형 제품에 대한 시장이 커지는 추세이다. 개인 맞춤형 의약품, 개인 맞춤형 건강기능식품, 개인 맞춤형 화장품 등 개개인의 차이를 분석하여 최적화된 제품을 적용하는 기술이다. 특히 개인 유전체 및 마이크로바이옴 분석이 활발해지면서 이를 기반으로 하는 개인 맞춤형 프로바이오틱스 시장이 크게 성장할 것으로 예측되고 있다.

3) 기능성 인정 제품의 소비 확대

프로바이오틱스나 프리바이오틱스 제품을 섭취하여 장 건강을 포함한 인체의 다양한 건강기능성을 기대하는 소비자들도 여전히 많지만, 최근에는 인체시험을 통하여 과학적으로 증명된 기능성 소재를 포함한 제품의 선호도가 커지는 추세이다. 이러한 소재들은 식품의약품안전처(식약처)로부터 그 기능성을 인정 받아야만 효능에 대한 광고가 가능하기 때문에 제품에 대한 소비자들의 신뢰도가 높아 고가임에도 구매하는 경우가 많다. 이러한 이유로 많은 건강기능식품 및 제약기업에서 프로바이오틱스 및 프리바이오틱스의 건강기능성을 입증하고 공식적으로 인정받기 위해 다양한 연구와 개발을 진행하고 있다.

4) 신바이오틱스(프로바이오틱스와 프리바이오틱스의 병용) 제품의 수요 증가

프로바이오틱스와 프리바이오틱스를 함께 사용하는 신바이오틱스 제품에 대한 수요도 증가하고 있다. 이는 프로바이오틱스의 장내 증식을 돕는 프리바이오틱스를 동시에 섭취함으로써 장 건강을 극대화하는 개념으로 향후 그 시장성이 확대될 것으로 기대된다.

5) 섭취 형태의 다양화

프로바이오틱스와 프리바이오틱스는 주로 분말형 스틱이나 캡슐 제제 등으로 판매되고 있으나 새로운 코팅 기술을 적용하여 안정도를 높여 아이스크림, 젤리, 음료, 과자 등 소비자들의 취향에 맞는 다양한 제품들이 출시되고 있다.

6) 글로벌 시장 확장 및 규제

프로바이오틱스 및 프리바이오틱스 시장은 국내뿐만 아니라 세계적으로도 확장되고 있는 추세여서 국내 기업들의 글로벌화 전략이 필요한 시점이다. 특히 최근 중국과 동남아시아를 중심으로 건강기능식품에 대한 소비자들의 관심과 제품 판매가 급증하고 있어 이들 나라에 대한 건강기능식품 인증 및 규제 관련 정보를 확보하여 마케팅 전략을 수립하는 것이 필요하다.

과학기술 발전에 힘입어 프로바이오틱스 및 프리바이오틱스 시장은 장 건강을 넘어서 피부 건강 등 전신 건강을 타깃으로 하는 제품 개발로 확대되고 있으며, 최근 유전체 및 마이크로바이옴 분석 데이터를 활용한 개인 맞춤형 제품에 대한 수요도 증가하는 추세이다. 소비자들의 건강에 대한 관심 증대와 제품 개발 기술의 향상은 향후 프로바이오틱스 및 프리바이오틱스 소재가 건강기능식품의 중심에서 글로벌 트렌드를 선점할 것으로 기대된다.

FOOD MICROBIOLOGY

chapter

12

식품 미생물 분석 기법

1. 식품 미생물 분석 개요
2. 다양한 미생물 분석 기법

chapter 12

1. 식품 미생물 분석 개요

식품 안전을 위한 관리 요소는 크게 화학적 요소(농약, 중금속 등), 생물학적 요소(세균, 바이러스 등), 물리적 요소(이물 등), 사용금지 물질(의약품 성분 등)로 분류할 수 있다. 이 중 생물학적 요소에는 인체 건강에 유익한 유산균, 종균 등의 유익균이 있고, 비의도적으로 오염되어 식중독을 유발하는 세균, 바이러스 등의 유해균이 포함된다. 따라서 식품 내 미생물 검사의 목적은 식품의 생산, 제조, 보관 그리고 유통 과정에서의 품질 및 위생 상태를 평가하고, 유해균의 오염을 방지하며, 식중독 발생 시 원인물질과 오염경로를 규명하여 식품안전을 위한 관리방안을 마련하는 것이다.

1) 검사대상 미생물의 종류 및 특징

식품 미생물 품질검사는 식품의 원료, 제조·가공, 보관 및 유통 환경 전반의 위생 수준을 평가하는 지표로 활용된다. 식품의 특성에 따라 세균수, 대장균, 대장균군을 위생지표균으로 검사하여 관리한다(그림 12-1). 세균수는 자연계에 널리 분포하는 자연균총으로, 인체에 직접적인 질병을 유발하지는 않지만 제품의 부패·변질에 영향을 미친다. 대장균은 분변 오염의 지표균으로, 제조·가공 과정에서 가열 처리가 되지 않은 식품의 위생관리를 위해 검사한다. 대장균군은 외부 환경에서 장기간 생존할 수 있으며 검출이 용이하여 위생지표균으로 활용된다. 한편 식중독균은 식품에 오염되었을 때 인체 건강에 미치는 영향에 따라 고위해성 식중독균과 저위해성 식중독 균으로 구분되며, 기준 및 규격을 설정하여 검사한다. 고위해성 식중독균은 소량으로도 식중독을 유발할 수 있으며, 감염 시 사망을 포함한 합병증 또는 후유증을 초래할 수 있어 정성 규격을 적용하여 식품에서 검출되지 않아야 한다.

저위해성 식중독균은 고위해성 식중독균에 비해 상대적으로 위해도가 낮으며, 위해 평가를 거쳐 균종별로 정량 규격을 설정하여 관리한다.

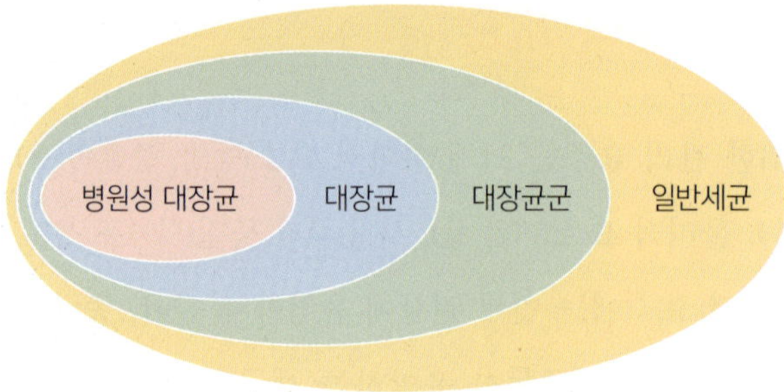

그림 12-1 위생지표균의 상호관계

출처: 식품의약품안전처, 식품등 기준설정 원칙 및 적용, 2017

2) 미생물 검사를 위한 검체의 채취 및 운반

식품 내 미생물을 검사할 때는 검체 본래의 미생물 외에 외부 오염이 발생하지 않도록 주의해야 한다. 이를 위해 식품공전의 검체 채취 및 취급 요령을 준수해야 하며, 다음과 같은 사항을 고려해야 한다.

(1) 검체 채취 시 주의사항

- 미생물 검사를 위한 검체는 채취 당시의 상태를 유지할 수 있도록 밀폐 가능한 용기나 포장을 사용해야 한다.
- 가능한 한 외부 미생물에 오염되지 않도록 단위 포장 상태 그대로 수거한다.
- 검체를 소분하여 채취해야 할 경우, 멸균된 기구 및 용기를 사용하여 무균적으로 채취해야 한다.
- 부득이한 경우를 제외하고는 정상적인 방법으로 보관·유통 중인 제품을 채취해야 하며, 조리식품을 제외한 완전 포장된 제품에서 채취하여야 한다.

(2) 검체 운반 시 주의사항

- 부패·변질 우려가 있는 검체는 멸균 용기에 무균적으로 채취한 후, 저온(5℃±3 이하)을 유지하면서 24시간 이내에 검사기관으로 운반해야 한다.
- 운반 시 저온 유지를 위해 얼음을 사용할 경우, 녹은 물이 검체에 오염되지 않도록 주의해야 한다.

이러한 원칙을 철저히 준수하면 식품 중 미생물 검사 과정에서 외부 오염을 방지하고 신뢰도 높은 검사 결과를 얻을 수 있다.

2. 다양한 미생물 분석 기법

식품 중 미생물 검사에 주로 사용되는 분석 방법에는 미생물을 배양하여 검출하는 전통적인 방법과 DNA와 RNA를 기반으로 검출하는 분자생물학적 방법이 있다.

1) 전통적인 분석방법

식품의 위생지표균을 측정하는 방법에는 표준평판법, 건조필름법, 최확수법이 있으며, 음용수의 경우에는 막여과법이 사용된다. 식품 중에 식중독균을 검출하는 방법은 해당 균종의 특성에 따라 증균배지를 이용하여 증균배양 후 선택배지에 분리배양 뒤, 순수분리된 균종을 생화학적 및 혈청학적 시험을 통해 확인하여 최종적으로 식중독균을 분리·동정하는 방식으로 진행된다. 이 방법은 직접 미생물을 분리하고 확인하는 과정으로 소요 시간이 길지만, 정확성과 신뢰성이 높은 분석방법이다.

(1) 표준평판법

식품 및 그 식품의 제조과정 중 위생적 취급의 적절함을 평가하기 위해 보통 세균수를 측정한다. 일반세균수는 35±1℃의 온도조건에서 호기적으로 성장하는 살아있는 균의 수를 산출하는 방법으로, 표준한천배지에 시험용액을 혼합하여 응고시킨 후 배양하여 발생한 세균 집락수를 계수하여 검체 중의 생균수를 산출하는 방법이다. 생균이란 시험용액에 포함된 살아있는 세균을 의미하며, 죽은 세균은 표준한천배지에 집락을 생성하지 못하고, 살아있는 세균만 집락을 형성한다는 것을 전제로 한다. 따라서 표준한천배지에 형성된 집락수는 시험용액 내에 포함되어 있는 집락 형성이 가능한 살아있는 세균의 숫자를 나타낸다. 일반세균수 분석방법은 그림 12-2의 표준평판법 시험 절차에 따라 수행되며, 1개의 평판당 15~300개의 집락이 형성된 평판을 선택하여 집락수colony를 측정한다(그림 12-2).

시험절차	비고
멸균백에 검체 25 g(mL) + 희석액 225 mL	
균질화	→ 시험용액(10배 희석 검체)
검체 1 mL + 9 mL 생리식염수, 반복하여 희석	→ 단계별 희석액
시험용액 및 10배 단계별 희석액 1 mL씩 페트리접시에 분주	→ 희석 단계별 2개씩, 대조군 : 생리식염수1 mL 분주
페트리접시에 멸균표준한천배지 약 15 mL 붓기	
혼합 후 응고	
표준한천배지 3~5 mL 추가 중첩	→ 좌우로 천천히 기울여 골고루 퍼지게 함
31 ± 1℃, 48 ± 2시간 배양	→ 확산집락 방지(20분 이내)
집락수 계산	
혼합 후 응고	

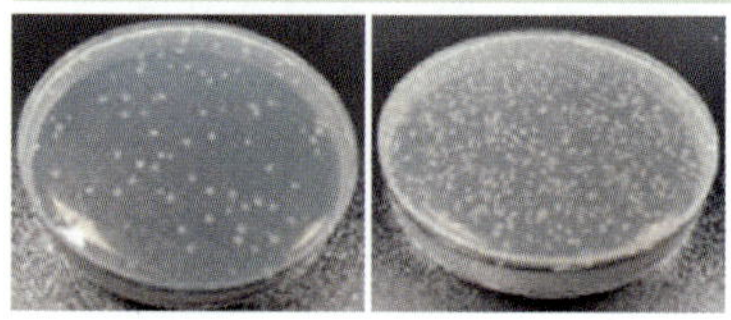

그림 12-2 표준평판법: 일반세균수 시험절차

출처: 식품의약품안전처, 식품공전 미생물 시험법 해설서, 2021

(2) 건조필름법

건조필름법은 수화 가능한 영양분과 겔화제가 코팅된 필름 형태의 배지를 이용하여 세균수, 대장균군, 대장균 등의 특정 세균을 검사하는 미생물 시험법이다. 분석방법은 건조된 필름을 수화시키기 위해 시험용액 1 mL과 10배 단계 희석액 1 mL씩을 무균적으로 건조필름배지에 각각 2매 이상 접종한다. 접종 후 배지에 잘 흡수되면, 뒤집지 않고 35±1℃에서 48±2시간 배양한 다음 생성된 전형적인 집락수를 계산하여 결과를 분석한다(그림 12-3).

멸균백에 검체 25 g(mL) + 희석액 225 mL

↓

균질화 → 시험용액(10배 희석 검체)

↓

검체 1 mL + 9 mL 생리식염수, 반복하여 희석 → 단계별 희석액

↓

시험용액 및 10배 단계별 희석액 1 mL씩 건조필름배지에 접종 → 희석 단계별 2개씩

↓

35 ± 1℃, 48 ± 2시간 배양

↓

집락수 계산 – 붉은색 집락

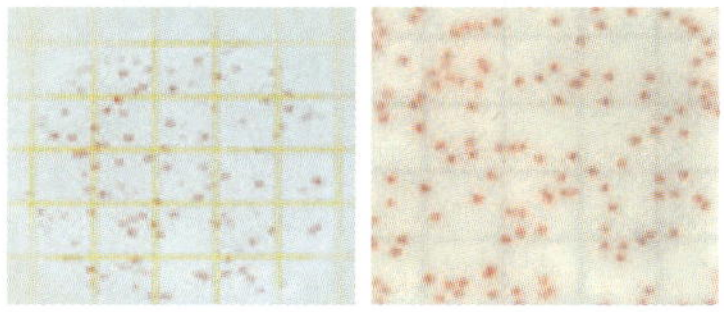

그림 12-3 건조필름법: 세균수 시험절차

출처: 식품의약품안전처, 식품공전 미생물 시험법 해설서, 2021

세균의 집락수 계산

집락수의 계산은 확산집락이 없고 1개의 평판당 15~300개의 집락을 생성한 평판을 택하여 집락수를 계산한다. 집락수 계산방법에 따라 검체 1 mL 중(1 g 중)의 세균수 몇 개라고 기재하며 숫자는 높은 단위로부터 3단계에서 반올림하여 유효숫자를 2단계로 끊어 이하를 0으로 한다. (단, 전 평판에 300개 초과 집락이 발생한 경우 300에 가까운 평판에 대하여 밀집평판 측정법에 따라 계산하고, 전 평판에 15개 미만의 집락만을 얻었을 경우에는 가장 희석배수가 낮은 것을 측정한다.)

※ 집락수 계산 방법

$$N = \frac{\Sigma C}{\{(1 \times n_1)+(0.1 \times n_2)\} \times (d)}$$

N=식육 g 또는 mL 당 세균 집락수, ΣC=모든 평판에 계산된 집락수의 합,
n_1=첫 번째 희석배수에서 계산된 평판수, n_2=두 번째 희석배수에서 계산된 평판수,
d=첫 번째 희석배수에서 계산된 평판의 희석배수

예시 1) 15~300 CFU/평판인 경우

구분	희석배수		CFU/g(mL)
	1:100	1:1,000	
집락수	232 244	33 28	24,000

$$N = \frac{(232+244+33+28)}{\{(1 \times 2)+(0.1 \times 2)\} \times 10^{-2}} = \frac{537}{0.022} = 24,409 \fallingdotseq 24,000$$

예시 2) 15 CFU/평판 미만인 경우

구분	희석배수		CFU/g(mL)
	1:100	1:1,000	
집락수	14 10	2 1	120

$$N = \frac{(14+10)}{(1\times 2)\times 10^{-1}} = 24/0.2 = 120$$

출처: 식품공전, 식품의약품안전처 고시 제2024-71호(2024.11.14. 개정)

(3) 최확수법

최확수법most probable number, MPN은 동일 희석배수의 시험용액을 배지에 접종하여 대장균군의 존재 여부를 확인한 후, 확률론적인 계산을 통해 대장균군의 수치를 추정하는 방법이다(그림 12-4, 표 12-1).

① 분석원리

최확수란 이론적으로 가장 가능성이 높은 수치를 의미하며, 직접적인 세균 집락 계수가 아닌 확률적 방법을 이용하여 특정 미생물의 개수를 추정한다.

주로 위생지표세균인 대장균군, 대장균의 정량 시험법으로 사용된다.

② 분석방법

- 연속 희석 시료 준비: 연속적인 3단계 이상의 희석 시료(예: 10, 1, 0.1 또는 1, 0.1, 0.01 또는 0.1, 0.01, 0.001)를 각각 5개 또는 3개의 발효관에 접종한다.
- 배양 및 확인: 배양 후 발효관에서 산과 가스 생성 여부 및 탁도 변화를 확인하여 대장균군 또는 대장균의 존재를 판별한다.
- 최확수 계산: 양성 반응을 보인 시험관의 수를 기준으로 최확수표를 이용하여 1 mL당 존재하는 대장균군 또는 대장균의 수치를 추정한다.
- 사용하는 배지에 따른 방법
  - 유당 배지법: 유당이 포함된 배지에서 가스 생성 여부를 통해 대장균군 존재 여부를 확인하는 방법이다.

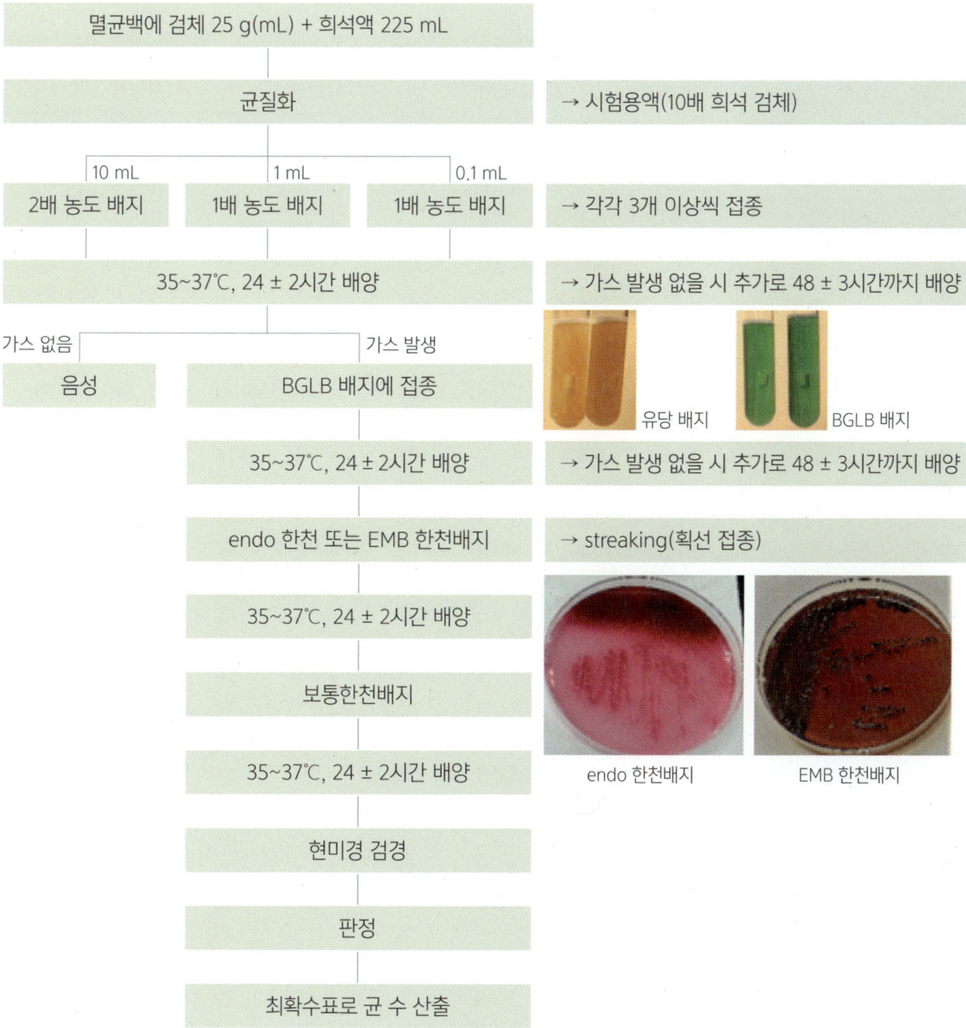

그림 12-4 최확수법: 유당배지법 시험절차

출처: 식품의약품안전처, 식품공전 미생물 시험법 해설서, 2021

- BGLBBrilliant Green Lactose Bile 배지법: BGLB 배지를 사용하여 가스 생성과 배지 변화를 확인하는 방법이다.

③ **최확수법의 특징**

최확수법은 특정 미생물이 저농도로 존재하는 시료의 분석에 적합하며, 특히 대장균군 및 대장균의 검출에 유용한 방법이다.

표 12-1 최확수표

양성 시험관 수 0.1 0.01 0.001	MPN/g (mL)	양성 시험관 수 0.1 0.01 0.001	MPN/g (mL)	양성 시험관 수 0.1 0.01 0.001	MPN/g (mL)	양성 시험관 수 0.1 0.01 0.001	MPN/ g(mL)	양성 시험관 수 0.1 0.01 0.001	MPN/g (mL)	양성 시험관 수 0.1 0.01 0.001	MPN/g (mL)
0 0 0	<1.8	1 0 0	2	2 0 0	4.5	3 0 0	7.8	4 0 0	13	5 0 0	23
0 0 1	1.8	1 0 1	4	2 0 1	6.8	3 0 1	11	4 0 1	17	5 0 1	31
0 0 2	3.6	1 0 2	6	2 0 2	9.1	3 0 2	13	4 0 2	21	5 0 2	43
0 0 3	5.4	1 0 3	8	2 0 3	12	3 0 3	16	4 0 3	25	5 0 3	58
0 0 4	7.2	1 0 4	10	2 0 4	14	3 0 4	20	4 0 4	30	5 0 4	76
0 0 5	9	1 0 5	12	2 0 5	16	3 0 5	23	4 0 5	36	5 0 5	95
0 1 0	1.8	1 1 0	4	2 1 0	6.8	3 1 0	11	4 1 0	17	5 1 0	33
0 1 1	3.6	1 1 1	6.1	2 1 1	9.2	3 1 1	14	4 1 1	21	5 1 1	46
0 1 2	5.5	1 1 2	8.1	2 1 2	12	3 1 2	17	4 1 2	26	5 1 2	63
0 1 3	7.3	1 1 3	10	2 1 3	14	3 1 3	20	4 1 3	31	5 1 3	84
0 1 4	9.1	1 1 4	12	2 1 4	17	3 1 4	23	4 1 4	36	5 1 4	110
0 1 5	11	1 1 5	14	2 1 5	19	3 1 5	27	4 1 5	42	5 1 5	130
0 2 0	3.7	1 2 0	6.1	2 2 0	9.3	3 2 0	14	4 2 0	22	5 2 0	49
0 2 1	5.5	1 2 1	8.2	2 2 1	12	3 2 1	17	4 2 1	26	5 2 1	70
0 2 2	7.4	1 2 2	10	2 2 2	14	3 2 2	20	4 2 2	32	5 2 2	94
0 2 3	9.2	1 2 3	12	2 2 3	17	3 2 3	24	4 2 3	38	5 2 3	120
0 2 4	11	1 2 4	15	2 2 4	19	3 2 4	27	4 2 4	44	5 2 4	150
0 2 5	13	1 2 5	17	2 2 5	22	3 2 5	31	4 2 5	50	5 2 5	180
0 3 0	5.6	1 3 0	8.3	2 3 0	12	3 3 0	17	4 3 0	27	5 3 0	79
0 3 1	7.4	1 3 1	10	2 3 1	14	3 3 1	21	4 3 1	33	5 3 1	110
0 3 2	9.3	1 3 2	13	2 3 2	17	3 3 2	24	4 3 2	39	5 3 2	140
0 3 3	11	1 3 3	15	2 3 3	20	3 3 3	28	4 3 3	45	5 3 3	180
0 3 4	13	1 3 4	17	2 3 4	22	3 3 4	31	4 3 4	52	5 3 4	210
0 3 5	15	1 3 5	19	2 3 5	25	3 3 5	35	4 3 5	59	5 3 5	250
0 4 0	7.5	1 4 0	11	2 4 0	15	3 4 0	21	4 4 0	34	5 4 0	130
0 4 1	9.4	1 4 1	13	2 4 1	17	3 4 1	24	4 4 1	40	5 4 1	170
0 4 2	11	1 4 2	15	2 4 2	20	3 4 2	28	4 4 2	47	5 4 2	220
0 4 3	13	1 4 3	17	2 4 3	23	3 4 3	32	4 4 3	54	5 4 3	280
0 4 4	15	1 4 4	19	2 4 4	25	3 4 4	36	4 4 4	62	5 4 4	350
0 4 5	17	1 4 5	22	2 4 5	28	3 4 5	40	4 4 5	69	5 4 5	430

출처: 식품의약품안전처, 식품공전 미생물 시험법 해설서, 2021

- 장점
  - 특정 미생물의 오염도가 낮은 경우에 적합하다(예: 물의 대장균군, 생식용 굴의 대장균 시험).

- 직접적인 평판배지법보다 민감하게 미생물 존재 여부를 검출할 수 있다.

• 단점

- 시험 시간이 길며 보통 24~48시간 이상 소요된다.
- 직접 집락을 계수하는 것이 아니라 확률값을 적용하기 때문에 정밀성이 다소 낮을 수 있다.
- 다른 방법보다 실험 과정이 복잡할 수 있다.

(4) 막여과법

막여과법은 공경(0.45±0.02) μm, 지름 47 mm 이상의 미생물 분석용 여과막과 여과장치를 사용하여 음용수 등의 수질검사에 사용하는 방법이다. 정해진 부피의 시험용액을 여과막에 통과시키면 세균은 액체로부터 분리되어 여과막 표면에 남게 되고, 그 여과막을 배지 위에 옮겨 배양하면 여과막 표면의 세균은 배지의 영양성분을 이용하여 집락을 형성하게 된다(그림 12-5). 이를 통해 음용수 등에서 세균의 존재 여부를 판정할 수 있다. 막여과법은 수질 검사에서 효율적이고 신뢰할 수 있는 방법으로 널리 사용된다.

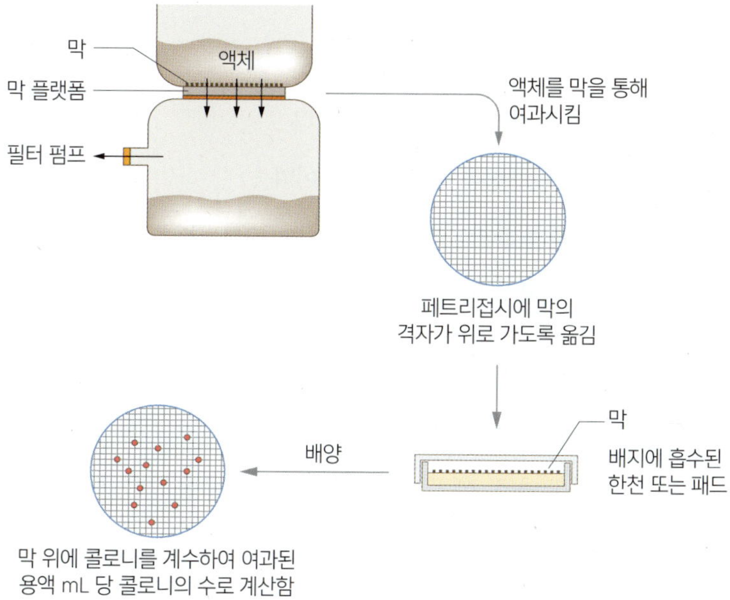

그림 12-5 막여과법

2) 분자생물학적인 방법

분자생물학적 방법은 데옥시리보핵산deoxyribonucleic acid, DNA 또는 리보핵산ribonucleic acid, RNA을 기반으로 하는 분석기술로, 시험조작이 간단하고 배양시간을 절약할 수 있어 신속한 검사가 가능하다. 분자생물학적 방법은 세균 및 바이러스 검출(예: 식중독균, 코로나19, 노로바이러스)과 유전자 변이 분석 등 식품 미생물 안전성 평가에 활용된다. 특히 이 방법들은 신속하고 정밀한 미생물 분석이 가능하여, 식품 및 임상 검사의 핵심 기술로 활용된다.

(1) 중합효소연쇄반응

중합효소연쇄반응polymerase chain reaction, PCR은 미생물의 DNA를 증폭하여 분석하는 방법으로, 다음 3단계를 반복하여 특정 DNA 염기서열을 증폭한다.

① PCR 과정

- 열변성denaturation: 이중나선 DNA를 단일 가닥으로 분리한다.
- 프라이머 결합annealing: 특정한 위치에 프라이머(짧은 DNA 조각)로 결합한다.
- DNA 합성polymerization: DNA 중합효소가 새로운 DNA 가닥으로 합성한다

② 주요 구성 요소

- 주형 DNA: 증폭할 특정 DNA 염기서열이다.
- 프라이머primer: DNA 합성을 위한 시작점이다.
- dNTP: DNA 합성에 필요한 뉴클레오타이드(dATP, dCTP, dGTP, dTTP)이다.
- DNA 중합효소: 열저항성이 강한 *Taq* DNA polymerase를 사용한다.

③ 특징 및 활용

- 신속하고 정확한 미생물 검출이 가능하다.
- 병원체 진단, 유전자 연구, 식품 미생물 분석 등에 활용한다.

PCR은 특정 DNA를 빠르게 증폭하여 정성분석이 가능한 핵심 기술이다.

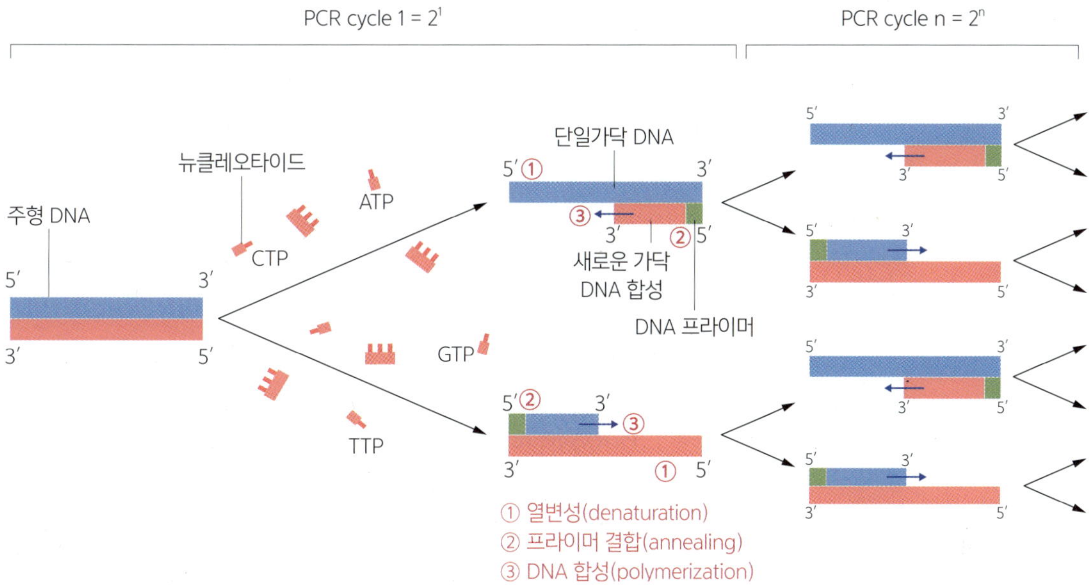

그림 12-6 중합효소연쇄반응의 원리

출처: 이종경 외, 식품미생물학, 2023

(2) 실시간 정량 PCR

실시간 정량 PCRquantitative real-time PCR, qPCR은 형광 탐침probe을 이용하여 DNA 증폭과 동시에 실시간으로 정량 분석하는 PCR 기술이다.

① 원리

- PCR 반응 중 DNA가 증폭됨에 따라 형광 신호가 증가하는 속도를 측정하여 특정 DNA의 양을 정량 분석한다.

② 특징

- 겔 전기영동 없이 실시간 분석이 가능하며, DNA 증폭과 정량 분석을 동시에 수행하여 병원체 진단을 빠르고 정확하게 할 수 있다.
- 임상 검체에서 병원체 진단(코로나19, 인플루엔자 등), 유전자 발현 분석 및 돌연변이 검출이 빠르고 정밀한 유전자 분석이 가능하여 식품 및 의료 분야에서 널리 활용된다.

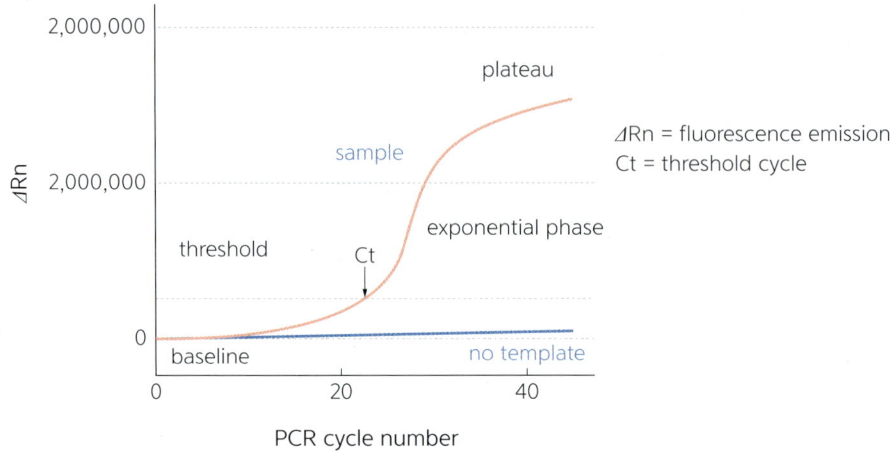

그림 12-7 실시간 정량 PCR 증폭 결과

출처: Artika, I. M., Dewi, Y. P., Nainggolan, I. M., Siregar, J. E., & Antonjaya, U. (2022). Real-time polymerase chain reaction: Current techniques, applications, and role in COVID-19 diagnosis. Genes, 13(12), 2387.

(3) 역전사 중합효소연쇄반응

역전사 중합효소연쇄반응reverse transcription PCR, RT-PCR은 RNA를 cDNA로 변환한 후 PCR로 증폭하여 특정 유전자를 검출하는 방법이다. 역전사효소reverse transcriptase를 이용하여 RNA를 cDNA로 변환시키고 생성된 cDNA를 PCR로 증폭하여 유전자를 검출한다.

과정은 RNA 추출 → cDNA 합성 → PCR 증폭 → 유전자 검출 순이다.

RNA 기반 미생물 및 바이러스 검출에 효과적인 기술로, 식품 위생 및 감염병 연구에 활용된다.

(4) 차세대 염기서열 분석

차세대 염기서열 분석next generation sequencing, NGS은 대용량의 DNA 염기서열을 빠르고 정확하게 분석하는 기술로, 대규모 병렬형 염기서열 분석massive parallel sequencing이라고도 한다.

① NGS의 원리 및 특징

- 전체 DNA를 수많은 조각으로 분해하여 염기서열을 분석한 후, 생물정보학 bioinfomatics 기법을 이용하여 유전체 정보를 분석한다.
- emulsion PCR, solid-phase bridge amplification, DNA nanoball generation 등의 기술을 이용해 DNA를 증폭하여 시퀀싱한다.

② NGS의 유전체 분석 방법

- reference 기반 분석: 이미 해독된 표준 유전체reference genome와 비교하여 유전체 내 변이를 분석하는 방법이다.
- *de novo* 유전체 분석: 표준 유전체가 없는 미생물의 경우 NGS를 이용해 새로운 유전체 지도를 작성하는 방법이다.

③ NGS의 활용과 과제

- 미생물 유전체 연구, 병원성 미생물 분석, 식품 미생물 안전성 평가 등에 활용된다. 분석 과정이 복잡하고 생성되는 데이터 양이 방대하여 표준화된 분석 방법과 데이터 신뢰성 확보가 필요하다.
- NGS 기술은 지속적으로 발전하고 있으며, 식품 미생물 연구와 안전성 평가에도 중요한 도구로 활용되고 있다.

FOOD MICROBIOLOGY

FOOD MICROBIOLOGY

chapter

13

식품미생물학 실험

chapter 13

1. 실험실 안전관리

1) 미생물 실험에서 지켜야 할 유의사항

미생물 실험·실습실에서는 사람 및 동물에게 감염성 질병을 일으킬 수 있는 여러 가지 병원성 세균이나 바이러스 등을 다루기 때문에 항상 주의를 기울여야 한다. 또한 각종 미생물 실험·실습에 이용되는 실험재료는 질병을 옮길 수 있는 원인이 되기 때문에 취급에 주의해야 한다. 따라서 미생물 실험·실습 시간에는 미리 배울 내용을 숙지한 후에 담당교수나 조교의 지시에 따라 실험을 진행해야 하며, 실험자의 안전을 최우선으로 하기 위해서 다음의 사항을 반드시 지켜야 한다.

① 실험시간은 엄수해야 하며, 실습내용을 잘 이해하고 담당교수나 조교의 지시에 따라 실험을 정확히 실시해야 한다.

② 실험실에서는 미생물의 감염을 막기 위해 항상 실험복을 착의하고, 보호안경을 착용하도록 한다.

③ 실험대는 항상 청결해야 하며, 실험 전과 후에 적당한 소독제로 소독해야 한다.

④ 실험에 사용하는 기구 및 배지는 멸균처리한 것을 사용해야 한다.

⑤ 실험에 사용했던 기구, 배지 및 여러 가지 미생물 균주는 반드시 지정된 장소에 모아놓고, 버릴 때는 멸균처리 후에 처리해야 한다.

⑥ 실험 시 사용하는 배지에는 조이름, 날짜, 실험한 사람 및 내용물 등을 반드시 기입하여 다른 사람이 만든 것과 섞이지 않게 해야 한다.

⑦ 현미경 사용 시에는 주의를 기울여야 하며, 사용 후에는 반드시 렌즈를 깨끗이 닦아서 보관해야 한다.

⑧ 실험이 끝나면 실험기구를 깨끗이 씻어서 정리하고, 실험대 및 실험기구는 항상 청결하게 관리해야 한다. 또한 실험실의 수도, 전기 및 가스에 이상이 없는지 점검한다.

⑨ 실험 종료 후에는 실험복을 소독하고, 손이나 감염 우려가 있는 부분을 비누나 소독제로 깨끗이 씻는다.

⑩ 실습에 관한 내용 및 결과 정리사항은 자세히 기록해야 한다.

2) 실험실에서의 응급처치법

실험실 내에서 사고가 발생했을 때에는 당황하지 말고, 반드시 담당교수 또는 실험조교에게 연락하여 적절한 응급조치를 취하고, 안전을 확인한 후에 실험을 해야 한다.

① 미생물 배양액을 엎질렀을 때는 종이나 휴지로 덮고 소독액을 이용하여 미생물을 사멸시킨 후에 담당교수 또는 실험조교의 지시에 따른다.

② 불에 의한 화상 시 우선 아연화 연고나 탄닌산 용액을 바르고, 바세린을 발라 공기 차단 후에 의사의 지시를 따른다.

③ 에탄올 등의 인화성 약품에 의해 화재가 났을 경우 불의 근원을 제거하고, 모래나 모포로 덮어 소화하거나 소화기 등을 사용하여 불을 끄도록 한다.

④ 눈에 미생물 액이나 시약이 들어갔을 경우 즉시 손으로 물을 떠서 충분히 눈을 씻거나 고무관을 이용하여 수돗물을 충분히 흘러내려 씻은 후 의사의 지시에 따른다.

⑤ 의복에 불이 붙었을 때는 당황하여 뛰지 못하게 붙들고, 모포나 실험복으로 싸서 불을 끄든지 소화기나 샤워기를 사용한다.

3) 미생물 배지 및 실험기구

① 미생물 배지

배지란 고압증기멸균기autoclave로 특정 시간 동안 일정 압력하에서 열을 가하여 멸균시켜 모든 미생물을 없앤 후 세균, 원생동물, 조류, 균류 등의 성장에 필요한 물질들을 인위적으로 첨가시켜 만든 혼합물을 말한다. 균의 종류에 따라 필요한 영양성분이 다르므로 실험에 사용하는 균의 특성에 맞게 적절한 배지를 만들어야 한다. 현재 시판 또는 사용되는 배지는 매우 다양하며, 특히 배지에 사용되는 소재, 배지의 형태 및 배지의 사용목적 등에 따라 다양하게 분류되고 있다.

② 배양용기 및 마개

실험에 쓰이는 미생물을 액체 상태로 배양할 때에는 주로 시험관이나 플라스크를 사용하며, 한천에서 배양할 때에는 페트리 접시를 사용한다. 배양용 마개plug란 미생물이 성장하는 데 있어서 필요로 하는 공기는 통과시키고, 미생물을 오염시키는 공중의 미생물과 먼지 및 이물질 등은 통과시키지 않는 마개이다. 일반적으로 미생물 실험에서 마개의 재료로는 탈지하지 않은 목화솜cotton을 사용해 왔다. 목화솜은 섬유가 길고, 탄력성이 강한 것이 좋다. 그러나 최근에는 목화솜 대신에 제품화된 실리콘제의 배양용 마개를 많이 사용한다.

③ 균 접종용 각종 기구

미생물 접종 시에 사용하는 기본기구에는 백금선과 백금이 등이 있다.

- 백금선platinum needle, transfer needle: 직경이 0.3~0.6 mm, 길이가 약 6 cm이며, 주로 고체배지에서 균을 채취할 때 사용한다.
- 백금이platinum loop, transfer loop: 백금선의 끝을 직경 2 mm의 원형으로 구부린 것을 말한다. 액체배지나 고체배지에서 균을 채취할 때 사용한다.
- 삼각유리봉: 평판배지에 균체를 옮게 고루 접종하고자 할 때 사용한다.

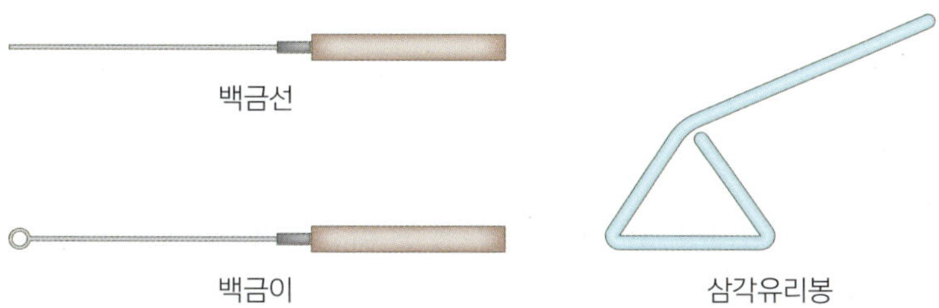

그림 13-1 백금선과 백금이, 삼각유리봉

④ 고압증기멸균기

미생물 실험에 필요한 실험기구를 고온·고압으로 멸균시키는 기계이다. 일반적으로 두꺼운 강철이나 스테인레스강 등으로 만든다. 보통 기구를 멸균시킬 때는 121℃에서 15분간 멸균시켜 사용한다.

⑤ 무균대

자외선 등을 사용하여 멸균이 된 기계로 미생물 실험 등 멸균된 공간에서 균의 접종 시 사용한다.

⑥ 배양기

미생물을 배양시킬 때 사용하는 기계이다. 적정 배양온도를 맞추어 사용할 수 있어 실험에 필요한 미생물을 배양시킨다.

그림 13-2 고압증기멸균기

그림 13-3 무균대

그림 13-4 배양기

4) 미생물 실험기구의 세척법

미생물학 실험에서 사용하는 각종 기구들은 경질 유리제품pyrex과 합성수지제품이 많다. 또한 소모성 기구들은 멸균 조작을 거치지 않아도 되는 멸균된 일회용 제품이 시판되고 있어 편리성 및 시간 절약 등을 이유로 많이 사용되고 있는 추세이다. 미생물 실험에 사용하는 대표적인 기구들은 페트리 접시, 피펫, 피펫 팁 및 백금선 등이 있으며, 이들 기구들은 멸균시킨 후 건조시켜 실험에 사용한다.

일반적으로 새로 구입한 유리기구들은 1 N HCl(또는 HNO_3)에 하루 정도 담가 두었다가 흐르는 수돗물에서 여러 번 세척하고, 마지막에 증류수로 세척한다. 건열멸균기drying oven에서 잘 건조시킨 후 알루미늄 포일로 잘 싸서 121℃의 고압증기멸균기에서 15분 정도 멸균시킨 후 건조하여 사용한다.

실험 1. 현미경 사용법 익히기

현미경의 종류

- 광학 현미경light microscope: 광학 현미경은 빛을 이용해 시료를 관찰하는 가장 기본적인 현미경으로 주로 생물학 연구에서 많이 사용되고 있다. 배율은 보통 40배에서 1000배까지 가능하며 대물렌즈, 접안렌즈, 조리개, 조명장치 등으로 구성되어 있다. 세포나 박테리아와 같은 비교적 큰 미생물이나 세포를 관찰할 때 사용하고 있다.
- 전자 현미경electron microscope: 전자 현미경은 전자 빔을 이용하여 시료의 표면을 매우 고배율로 관찰할 수 있는 장치로, 광학 현미경보다 훨씬 높은 해상도를 제공한다. 전자현미경은 주사 전자 현미경scanning electron microscope, SEM과 투과 전자 현미경transmission electron microscope, TEM이 있다. 주사 전자 현미경은 시료의 표면을 3차원적으로 관찰할 수 있으며, 투과 전자 현미경을 통헤 시료의 내부 구조를 상세히 관찰할 수 있다. 전자 현미경은 바이러스, 세포 소기관, 나노 크기의 물질 관찰에 사용된다.

현미경의 구조

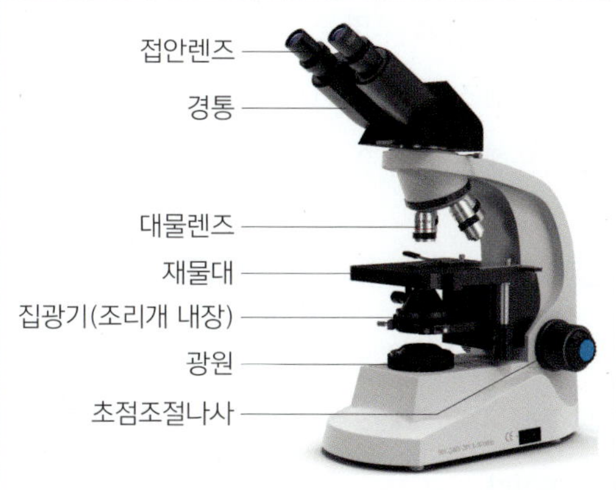

- 접안렌즈: 현미경을 통해 눈으로 직접 보는 부분으로 일반적으로 10× 배율 사용. 대물렌즈에서 확대된 이미지를 한 번 더 확대하여 보여줌
- 대물렌즈: 샘플을 직접 확대하는 렌즈. 4×(스캐닝), 10×(저배율) 40×(고배율), 100×(오일렌즈, 유침렌즈) 배율 사용. 배율이 높아질수록 작은 세포 구조를 더 자세히 볼 수 있으나 초점 맞추기 어려움
- 조동나사: 현미경의 초점을 크게 조정하는 나사로 대물렌즈와 샘플(슬라이드) 사이의 거리를 조절하여 초점 맞춤(저배율에서 사용)
- 미동나사: 초점을 미세하게 조정하는 나사로 고배율 사용시 필수 사용함. 초점을 미세하게 조절하여 이미지를 선명하게 보이도록 조정함(고배율에서 사용)
- 반사경/조명장치: 빛의 밝기를 조정하여 샘플을 명확하게 보이게 함. 빛의 방향과 강도 조절. 최신 현미경에는 광원(LED 또는 할로겐 램프)이 내장되어 있음
- 조리개: 집광기에 내장되어 있으며 빛의 양을 조절하여 대비와 선명도를 최적화하도록 조절

1. 실습 목적

• 광학 현미경의 구조와 조작법(배율 변경, 초점 조절, 조명 조절 등)을 익힐 수 있다.

2. 실습 준비물

• 광학 현미경(배율: 40×, 100×, 400×), 슬라이드글라스, 커버글라스, 칼, 핀셋, 증류수, 증류수병, 흡수지(거름종이), 메틸렌 블루 용액(선택사항), 양파(관찰 시료) 등

3. 실습 방법

1) 현미경 기본 조작법 익히기

① 현미경의 구조를 익힌다(접안렌즈, 대물렌즈, 조동나사, 미동나사, 반사경/조명장치 등의 기능을 확인한다).

② 전원을 켜고 조명을 조절하여 밝기를 조정한다.

③ 대물렌즈를 저배율(10×)로 설정한 후 초점 맞추기 연습을 한다.

④ 대물렌즈 배율을 40×, 100×로 바꾸면서 초점 조절법을 연습한다.

2) 양파 표피세포 표본 제작하기(프레파라트 제작하기)

① 양파를 조각으로 자른 후, 가장 얇은 막(표피 조직)을 핀셋으로 떼어낸다.

② 슬라이드글라스 중앙에 양파 표피를 잘 펴서 올리고, 증류수 한 방울을 떨어뜨린다.

③ (선택) 핵을 더 선명하게 보기 위해 염색한다.

- 메틸렌 블루 용액을 양파 표피에 한 방울 떨어뜨린다.
- 3~5분 경과 후 증류수를 한 방울 떨어뜨려 희석한 후 거름종이로 물기를 흡수시킨다.
- 증류수 한 방울을 떨어뜨린다.

④ 커버글라스를 공기 방울이 생기지 않도록 조심스럽게 덮는다.

3) 현미경 배율에 따른 양파 표피세포 관찰하기

① 현미경 재물대에 제작한 표본을 올리고 클립으로 고정한다.

② 10× 배율로 관찰한다(조동나사로 대략적인 초점을 맞추고 미동나사로 선명도를 조정하여 관찰한다).

③ 40× 배율로 관찰한다(10× 배율에서 초점을 맞춘 후, 40× 배율로 변경하고 미동나사로 조정한다. 재물대를 상하로 절하며 초점을 맞추어 관찰한다).

④ 100× 배율로 관찰한다(슬라이드글라스 위에 유침액을 한 방울을 떨어뜨리고, 100× 대물렌즈를 내리면서 유침액과 접촉하도록 한다. 초점이 흐려지지 않도록 미동나사로 조정하며 선명한 이미지를 관찰한다.)

4. 실험 결과

- 배율에 따른 초점 조절 관찰 결과(대물렌즈 배율, 초점 맞추기 성공 여부, 초점 맞추기 난이도, 관찰된 이미지의 선명도 등을 작성)
- 관찰 배율과 관찰된 이미지 관찰 결과(접안렌즈 배율, 대물렌즈배율, 관찰한 배율, 관찰 내용, 관찰 사진이나 그림 등 작성)

실험 2. 현미경을 이용한 미생물 크기 측정

상의 크기 측정하기

- 현미경에서 물체의 길이를 측정할 경우 접안 마이크로미터와 대물 마이크로미터의 눈금을 이용한다.
  ① **접안 마이크로미터**ocular micrometer: 접안렌즈의 내부에 장치하는 원형의 유리판에 눈금을 그은 것으로 한 개의 구획이 0.1 mm(100 μm)인 것과 0.05 mm(50 μm)가 되도록 한 것이 있다.
  ② **대물 마이크로미터**object micrometer: 슬라이드글라스의 중앙에 한 개의 구획이 0.01 mm (10 μm)가 되도록 한 것이다.
- 접안 마이크로미터와 대물 마이크로미터의 눈금이 중복되도록 한 후 중복된 사이의 눈금수를 세고 접안 마이크로미터의 한 눈금의 길이를 계산하여 물체의 길이를 측정한다.

$$\text{접안 마이크로미터 1눈금의 길이}(\mu m) = \frac{\text{대물 마이크로미터의 눈금수}}{\text{접안 마이크로미터의 눈금수}} \times 10$$

$$\text{실제 물체의 길이}(\mu m) = \text{접안 마이크로미터 1눈금의 실제 길이} \times \text{물체와 일치된 접안 마이크로미터의 눈금 수}$$

예) 접안 마이크로미터의 10눈금과 대물 마이크로미터의 눈금 5가 일치하는 배율로 어떤 물체를 관찰했을 때, 물체의 길이가 접안 마이크로미터 5눈금이었다면 물체의 길이를 구해 보자.

$$\text{접안 마이크로미터 1눈금의 길이} = 5/10 \times 10 = 5\ \mu m$$
$$\text{물체의 길이} = 5\ \mu m \times 5 = 25\ \mu m$$

1. 실험 목적

- 현미경을 이용하여 관찰 물체(세포)의 실제 크기를 측정할 수 있다.

2. 실험 준비물

- 광학 현미경(배율: 40×, 100×, 400×), 대물 마이크로미터, 접안 마이크로미터, 슬라이드글라스, 커버글라스, 칼, 핀셋, 증류수, 증류수병, 흡수지(거름종이), 메틸렌 블루 용액(선택사항), 양파(관찰 시료) 등

3. 실험 방법

1) 양파 표피세포 표본 제작하기(프레파라트 제작하기)

- [실험 1] 을 참고하여 제작한다.

2) 접안 마이크로미터 보정하기(대물 마이크로미터와 비교하기)

① 현미경의 접안렌즈에 접안 마이크로미터가 삽입되어 있는지 확인한다.

② 현미경 재물대 위에 대물 마이크로미터 슬라이드를 올린다.

③ 저배율(10× 대물렌즈)부터 시작하여, 대물 마이크로미터의 눈금과 접안 마이크로미터의 눈금을 겹쳐 정렬한다.

④ 일치하는 눈금의 개수를 찾고, 실제 길이를 계산한다.

⑤ 같은 방식으로 배율(40×, 100×, 400×)을 바꿔가며 각각의 보정값을 구한다.

⑥ 각 배율에서 접안 마이크로미터 1칸의 실제 크기를 기록한다.

3) 세포 크기 측정

① 현미경 재물대 위에 슬라이드글라스를 올리고 클립으로 고정한다.

② 저배율(10× 대물렌즈)에서 초점을 맞춘 후, 배율을 점차 높여가며 세포를 관찰한다.

③ 세포의 크기를 측정할 배율을 선택한 후, 접안 마이크로미터를 이용하여 세포가 차지하는 눈금의 개수를 측정한다.

④ 보정된 접안 마이크로미터 1칸의 실제 크기를 이용하여 세포의 실제 크기를 계산한다.

4. 실험 결과

- 접안 마이크로미터 보정 결과(배율별 1칸의 실제 길이 계산하기)
- 양파 표피세포 크기 측정 결과

실험 3. 세균의 그람염색 및 관찰

그람염색법

- 그람염색Gram staining은 덴마크의 세균학자인 한스 크리스티안 그람Hans Christian Gram이 1884년에 개발한 세균 염색법이다.
- 세균의 세포벽 구조에 따라 염색 결과가 다르게 나타는 것이 특징으로 펩티도글리칸층의 두께 차이에 따라 보라색 또는 분홍색으로 염색된다(그람양성균과 그람음성균 세포벽 조성 차이에 대한 설명은 그림 2-6, 표 2-6 참고).

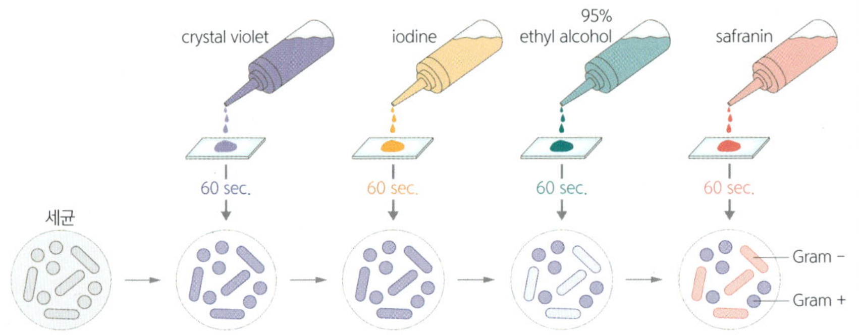

1. 실험 목적

- 세균의 그람염색을 시행할 수 있다.
- 그람양성균과 그람음성균을 관찰하여 구조적 차이를 설명할 수 있다.

2. 실험 준비물

- 광학 현미경(배율: 40×, 100×, 400×), 슬라이드글라스, 커버글라스, 알코올 램프, 백금이, 에탄올, 증류수, 증류수병, 크리스탈 바이올렛, 요오드 용액, 사프라닌 용액, 신 김치, 발효유 등

3. 실험 방법

① 김치 10 g을 멸균생리식염수(0.9% NaCl) 90 mL와 함께 멸균된 시험관에 넣고 잘 섞는다. (균이 너무 많을 경우 10^{-2}, 10^{-3} 등 희석배수를 높힌다.)

② 발효유도 김치와 마찬가지로 10g에 멸균생리식염수 90mL와 함께 시험관에 넣고 잘 섞는다. (균이 너무 많을 경우 10^{-2}, 10^{-3} 등 희석배수를 높힌다.)

③ 백금이를 알코올 램프로 화염멸균한 후, 김치 또는 발효유 희석액을 1~2방울 슬라이드글라스 위에 펴 바른다.

④ 슬라이드글라스 위에 균주가 건조되면 크리스탈 바이올렛 용액을 1~2방울 가하고 1분간 방치한다.

⑤ 슬라이드글라스를 뒤집은 상태에서 약하게 증류수로 세척하여 염색약을 씻어낸다. 물기를 최대한 제거하여 건조한다.

⑥ 요오드 용액을 1~2방울 가하고 1분간 방치한다(매염).

⑦ 에탄올을 가하여 탈색한다(약 10초).

⑧ ⑤와 동일한 방법으로 세척하고 물기를 제거한다.

⑨ 사프라닌 용액을 1~2방울 가하여 약 45초간 방치한다(대조염색).

⑩ ⑤와 동일하게 세척한 후 표면을 완전히 건조시키고 광학 현미경으로 관찰한다.

4. 실험 결과

• 그람염색 후 관찰 결과(그람염색 결과에 따라 그람음성균 또는 그람양성균으로 구분)

참고 현미경 관찰 시 보라색은 그람양성, 분홍색 또는 빨간색은 그람음성균이다. 세포 형태인 구균, 간균, 세포의 배열 형태를 관찰할 수 있다.

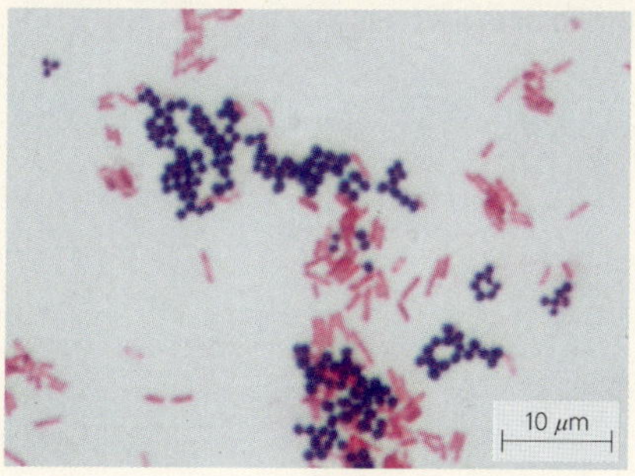

가장 일반적인 그람염색의 참조 세균인 황색포도상구균(*Staphylococcus aureus* ATCC 25923, 그람양성구균, 보라색)과 대장균(*Escherichia coli* ATCC 11775, 그람음성 간균, 빨간색)의 그람 염색된 모습

출처: 위키백과https://ko.wikipedia.org/wiki/%EA%B7%B8%EB%9E%8C_%EC%97%BC%EC%83%89

실험 4. 미생물 배지 만들기

미생물 배지

- 배지는 미생물을 인공적으로 배양하기 위한 적당한 영양소를 함유한 액체 또는 고체화시킨 것을 말한다. 미생물의 종류에 따라 배지의 필요한 조성과 영양성분이 다르다.

배지에 필요한 주요 성분

- 펩톤peptone, 육추출물meat · beef extract, 맥아추출물malt extract, 효모추출물yeast extract, 누룩추출물koji extract, 감자추출물potato extract, 한천agar, 젤라틴gelatin 등

배지의 종류

배지성분의 성상에 따른 분류

배지 구분	목적	예시
자연배지(natural media)	자연 유래 물질(단백질 가수분해물, 동물 조직 추출물 등)로 구성되어 미생물의 증식 및 분리 배양에 사용	nutrient broth, peptone water, blood agar
합성배지(synthetic media)	화학적 조성이 명확한 합성 성분으로 미생물의 생리학적 연구, 균체 성분 분석, 대사 연구에 사용	glucose salt broth, minimal media

물리적 성상에 따른 분류

<table>
<tr><th colspan="2">배지 구분</th><th>목적</th><th>예시</th></tr>
<tr><td colspan="2">액체배지(liquid media)</td><td>미생물의 증식 및 대사 연구, 생화학적 검사</td><td>한천이 포함되지 않은 액상 배지</td></tr>
<tr><td rowspan="3">고체 배지</td><td>평판배지(plate media)</td><td>미생물의 분리 배양, 집락 형성, 형태 관찰</td><td>배양접시에 4 mm 정도 두께로 배지를 굳힌 형태</td></tr>
<tr><td>고층배지(deep media)</td><td>혐기성균 배양, 이동성 시험, 보존 배양</td><td>시험관을 수직으로 세운 상태에서 배지를 굳힌 형태</td></tr>
<tr><td>사면배지(slant media)</td><td>호기성 미생물의 배양 및 보존</td><td>시험관을 기울여 45° 경사로 굳힌 형태</td></tr>
</table>

사용 목적에 따른 분류

배지 구분	목적	예시
일반배지(ordinary media)	일반적인 미생물 배양	Nutrient Agar(NA) Plate Count Agar(PCA)
증식용배지(growth media)	미생물의 일반적인 성장과 증식을 최대화	Tryptic Soy Broth(TSB) Luria-Bertani(LB) broth
강화배지(enriched media)	특정 미생물의 성장을 촉진, 다른 미생물의 성장은 억제하지 않음	Blood Agar Chocolate Agar
선택배지(selective media)	특정 미생물의 성장만 허용, 다른 미생물의 성장은 억제함	MacConkey Agar SS Agar
감별배지(differential media)	미생물 간의 생리적 특성을 감별하여 구별 가능하게 함	Eosin Methylene Blue(EMB) Agar, Mannitol Salt Agar (MSA)

1. 실험 목적

- 미생물 배양에 사용되는 배양 목적에 따라 적절한 배지를 선택하여 만들 수 있다.

2. 실험 준비물

- 전자저울(정밀), 비커(500 mL, 1 L), 삼각 플라스크, 메스실린더, 유리 막대 또는 자력 교반기, 알코올 램프, 고압증기멸균기, 배양기, 무균대, pH 미터(또는 pH 시험지), 페트리 접시, 캡 시험관 및 배양병, 솜마개, 방열장갑, 증류수, 증류수병, 육추출물, 펩톤, 염화나트륨, yeast extract, glucose, 한천 등

3. 실험 방법

1) NB(nutrient broth)와 NA(nutrient agar) 기본배지 만들기

① 2 L용 플라스크에 증류수 500 mL를 넣는다.

② beef extract 3 g, peptone 5 g, NaCl 8 g을 차례로 넣고 완전히 녹인다.

③ 총 용량이 1000 mL가 되도록 증류수를 첨가한다.

④ pH 측정기(또는 pH 시험지)로 pH 7.0이 되도록 1 N NaOH로 조절한다.

⑤ 500 mL용 플라스크 3개에 ④의 배지를 각각 250 mL씩 나누어 담는다.

(A) 플라스크 I: NB배지(액체배지)

(B) 플라스크 II: 사면배지(고체배지)

(C) 플라스크 III: 평판배지(고체배지)

2) NB배지 만들기

① 플라스크 I의 배지를 시험관에 나누어 넣는다. 이때 분주기를 사용하면 편리하다.

② 16.5 mL 시험관에는 7 mL 정도, 18 mL 시험관에는 10 mL 정도 넣는 것이 적당하다.

③ 액체배지를 분주한 캡 시험관에 뚜껑을 씌운다.

④ 분주된 시험관을 121℃에서 15분간 고압증기멸균한다. 단, 고온·고압에 의해서 파괴되는 물질들은 여과법에 의해서 멸균한다.

⑤ 멸균이 끝난 액체배지는 식혀서 4℃에서 보관한다.

3) 사면배지 만들기

① 플라스크 II의 배지에 한천을 1.5~2.0%가 되도록 넣은 후, 고온에서 한천을 완전히 녹인다.

② 캡 시험관에 젤 상태의 배지를 시험관에 분주하는데, 이때 한천이 굳지 않도록 신속히 하되 시험관 입구에 배지가 묻지 않도록 조심해야 한다.

③ 분주된 시험관을 121℃에서 15분간 고압증기멸균한다.

④ 시험관을 적당한 각도(35~45°)로 기울여서 굳힌다.

⑤ 사면배지가 굳어지면 4℃에서 보관한다.

4) 평판 배지 만들기

① 플라스크 III의 배지에 한천을 1.5~2.0%가 되도록 넣은 후, 고온에서 한천을 완전히 녹인다.

② 젤 상태의 배지가 들어 있는 삼각 플라스크를 121℃에서 15분간 고압증기멸균한다.

③ 삼각 플라스크를 65℃ 정도로 식힌 다음에 플라스크 입구를 화염멸균한다.

④ 무균대에서 멸균된 페트리 접시에 젤 상태의 배지를 20~25 mL 정도씩 부어 담는다.

⑤ 배지가 담긴 페트리 접시를 평평한 곳으로 옮겨 굳힌다.

⑥ 배지에 기포가 형성된 경우에 버너의 불꽃을 근접시켜서 기포를 제거한다.

⑦ 평판배지가 굳어지면 4℃에서 보관한다.

4. 실험 결과

- 배지 종류에 따른 배지의 특징과 만든 배지 결과

실험 5. 미생물 증식 곡선과 세대시간 측정

세대시간

세포가 한 번 분열하는 데 걸리는 시간을 세대시간generation time이라고 하며, 미생물의 증식 곡선을 작성한 후 대수기에서 구할 수 있다. 세대시간은 미생물의 배양시간(x축)에 따라 얻어진 생균수 혹은 흡광도의 log 값(y축)을 반대수semi-log 그래프에 표시한 후 대수기로부터 다음과 같은 공식을 이용하여 세대시간을 구한다.

$$g = \frac{t\ (\log 2)}{\log Nt - \log No}$$

g : 세대시간(분) t : 경과시간(분),
No : 대수기의 어느 시점의 균수(흡광도), Nt : No에서 t시간 후의 균수(흡광도)

1. 실험 목적

- 흡광도OD, optical density를 이용한 미생물 성장을 측정할 수 있다.
- 미생물 성장 속도를 그래프로 그리고 분석할 수 있다.
- 미생물의 세대시간(G)을 계산할 수 있다.

2. 실험 준비물

- 분광광도계spectrophotometer, 진탕배양기(7℃), NB배지(면전한 250 mL 삼각 플라스크), NA배지, 멸균 증류수, 멸균 피펫, 페트리 접시, NB배지에서 10~12시간 배양된 대장균

3. 실험 방법

① NA를 멸균한 후 50℃의 항온 수조에 보관한다.

② 멸균한 병을 세 개씩 7세트에 증류수 99 mL를 넣어 멸균하여 배양시간(0분, 30분, 60분, 90분, 120분, 150분, 180분)과 희석배수(10^{-2}, 10^{-4}, 10^{-6})를 표시한다.

③ 배양 시간별 접시를 네 개씩 준비하여 멸균시킨 후 각각 10^{-4}, 10^{-5}, 10^{-6}, 10^{-7}로 표시한다.

④ 살균된 피펫으로 대수기의 대장균 배양액 5 mL를 NB 100 mL가 들어 있는 삼각 플라스크에 접종한다.

⑤ 배양액 5 mL를 멸균하여 채취한 후 배양 시간 초기의 흡광도를 측정한다.

⑥ 1 mL의 배양액을 0분, 10^{-2} 멸균 증류수 99mL에 옮긴 후 단계적으로 10^{-4}, 10^{-6}으로 희석한다.

⑦ 배양된 용액을 37℃의 온도로 진탕배양기에서 배양시킨다.

⑧ 희석시킨 배양시간 0분의 시료들을 페트리 접시에 시료를 이동시킨다.

⑨ 멸균된 NA 15 mL를 페트리 접시마다 붓고 잘 섞이도록 페트리 접시를 돌려준다.

⑩ ⑥의 배양시킨 시료를 30분 간격으로 채취하여 ⑤~⑨ 과정을 반복한다.

⑪ 배지가 완전하게 굳힌 것을 확인한 후 뒤집어 37℃에서 24~48시간 동안 배양한다.

⑫ 측정된 OD600값을 기록하고, 시간별 변화결과로 증식곡선을 작성한다.

⑬ 대수기(Log phase)의 데이터를 이용하여 세대시간(G)을 계산한다.

4. 실험 결과

- 미생물 배양 흡광도 측정 결과: 배양시간(분)에 따른 생균수, 흡광도 결과
- 미생물 증식 곡선 측정 결과: 모눈종이를 이용하여 x축 배양시간, y축 생균수(또는 흡광도)의 log 값 표시
- 대수기 데이터를 이용한 세대시간(G) 계산하기(예시 참고)

$$G = \frac{t}{n}$$

G: 세대시간(Generation time), t= 시간 간격(분), n= 대수기 동안 세포 수 증가한 배수(log 값 기준)

n값 계산 공식 $n = \frac{\log N_t - \log N_0}{\log 2}$,

No 대수기 시작 시 OD600값, Nt 대수기 끝 시 OD600값

(예시) t=90분(120~210분 사이), No=0.30, Nt=1.50

$$n = \frac{\log(1.05) - \log(0.30)}{\log 2} = \text{약 } 2.32, \quad G = \frac{90}{n} = \frac{90}{2.32} = \text{약 } 38.8$$

⇒ 세대시간은 약 39분으로 계산됨

실험 6. 10배 단계 희석법을 이용한 미생물 수 정량

1. 실험 목적

• 시료에 존재하는 미생물의 수를 정량적으로 측정하기 위해 10배 단계 희석법을 이용하여 희석 → 도말 → 배양 → 계수의 전 과정을 수행하고, 이를 통해 미생물 계수의 원리와 CFUcolony forming unit 계산 방법을 이해하는 데 목적이 있다.

2. 실험 준비물

• 유산균 함유 식품(요거트, 김치, 발효 야채 등) 또는 균주 시료, MRS 배지MRS agar, broth(유산균용), PCA 배지plate count agar(일반세균용), 멸균 생리식염수(0.85~0.9% NaCl) 또는 PBS, 멸균 증류수, 멸균 시험관(10 mL, 18 mL 등), 멸균 피펫 또는 마이크로피펫＋팁, 멸균 페트리 접시, 멸균 스프레더(삼각 유리봉 또는 L자형 스프레더), 멸균 비닐백 또는 블렌더 백(시료 균질화용), 삼각 플라스크(시료 준비용), 콜로니 카운터 또는 확대경, 배양기(30~37℃ 조절 가능), 알코올 램프 또는 버너(멸균용), 마커(표시용), 라벨지

3. 실험 방법

① 멸균 생리식염수 또는 PBS 9 mL에 시료 1 mL를 넣어 10^{-1} 희석액을 제조한다.

② 동일한 방식으로 10^{-2}, 10^{-3}, 10^{-4}, … 단계별 희석액을 만든다.

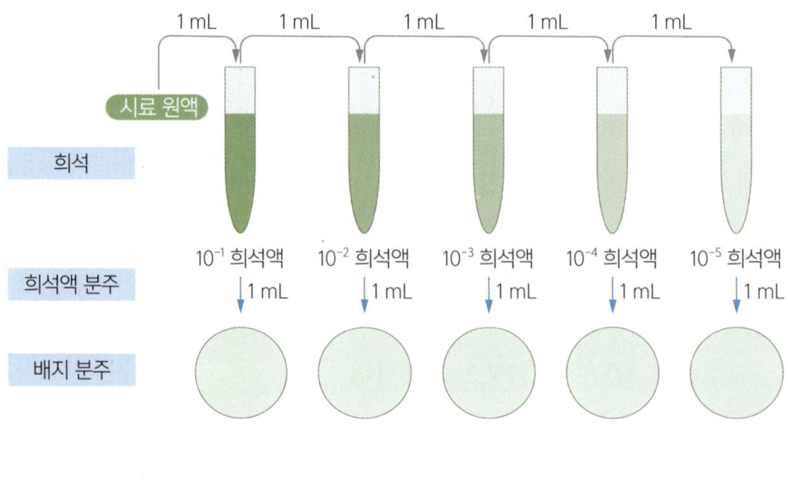

③ 도말plate spreading: 각 희석액에서 100 μL를 MRS agar 또는 PCA 평판배지 위에 분주 멸균된 스프레더로 고르게 펴 바른다.

④ 배양: 30~ 37℃에서 24~48시간 동안 배양(미생물 종류에 따라 조절)한다.

⑤ 콜로니 관찰 및 계수

- 배양된 배지에서 콜로니 수count를 확인한다.
- 30~300콜로니가 있는 평판배지를 선택한다.

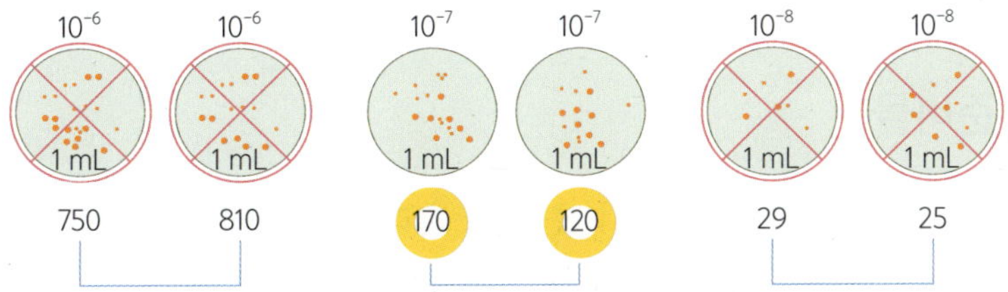

⑥ 생균수 계산

$$\text{희석도 } 10^{-7}\text{, 집락수 : 170, 120} \rightarrow \text{평균 집락수} = \frac{170+120}{2} = 145$$

$$\text{CFU/mL} = \frac{\text{평균 집락수}}{\text{도말한 부피(mL)}} \times \text{희석 배수} = \frac{145}{1} \times 10^{7} = 1.45 \times 10^{9}$$

※주의사항: 식품공전을 확인하면 일반세균수 측정 시 30~300 CFU 사이의 희석배수를 도말한 플레이트를 고른 뒤 계수하게 되어 있다.

4. 실험 결과

- 적정 집락 수 범위 선택 : 30~300 CFU 사이의 집락 수가 관찰된 평판을 선택
- 평균값 계산 : 도말한 평판에서 평균 집락 수를 세고, 도말한 부피와 희석 배수를 반영하여 계산

실험 7. 곰팡이가 핀 식품에서 곰팡이 분리 및 동정

1. 실험 목적

- 곰팡이가 핀 식품에서 곰팡이를 분리하여 배양할 수 있다.
- 현미경 및 육안 관찰을 통하여 곰팡이를 동정*할 수 있다.

2. 실험 준비물

- 배양기, 알코올 램프 또는 버너, 현미경, 슬라이드글라스, 커버글라스, 페트리 접시, 멸균된 면봉, 파라필름, 멸균 핀셋, 멸균 증류수, SDAsabouraud dextrose agar배지, PDApotato dextrose agar배지, 곰팡이 핀 식품(빵, 과일, 치즈 등)

3. 실험 방법

1) 식품 표면에서 곰팡이 샘플 채취

① 멸균된 면봉을 사용하여 식품 표면(빵, 과일, 치즈 등)에서 곰팡이 샘플을 채취한다. 면봉을 식품 표면에 부드럽게 문질러 곰팡이 포자나 균사를 수집한다.

2) 샘플 접종 및 배양

① 멸균된 페트리 접시에 SDA 또는 PDA을 붓고 굳힌다.
② 채취한 면봉을 사용하여 배양 배지 표면에 곰팡이 샘플을 접종한다. 면봉을 배지 위에 살짝 문질러 포자나 균사를 배지에 옮긴다.
③ 페트리 접시를 파라필름 또는 플라스틱 랩으로 밀봉하여 오염을 방지한다.
④ 접종된 페트리 접시를 25~30℃의 배양기에 넣고 3~7일 동안 배양한다.

*동정(identificaion)이란 곰팡이(또는 미생물)가 어떤 종(Species)인지 확인하는 과정으로 쉽게 말해 이름을 붙여주는 과정, 정체를 밝혀내는 과정임.

3) 곰팡이 콜로니 관찰 및 동정

① 곰팡이가 배양된 페트리 접시를 배양기에서 꺼내어 곰팡이 콜로니를 육안으로 관찰한다.

② 각 콜로니의 형태, 색상, 크기, 질감을 기록한다.

③ 멸균 핀셋을 사용하여 곰팡이 콜로니를 소량 떼어낸다.

④ 슬라이드글라스에 곰팡이 샘플을 놓고 커버글라스를 덮는다.

⑤ 현미경을 사용하여 곰팡이의 형태학적 특징을 관찰한다. 포자, 균사, 생식 구조 등을 확인하여 곰팡이 종류를 동정한다.

4. 실험 결과

- 곰팡이 배양 결과: 샘플 종류, 배양 배지, 곰팡이 성장 여부 육안 관찰(색, 질감, 성장 속도 등) 결과
- 현미경 관찰 결과: 곰팡이 균주, 현미경 관찰 특징, 예상되는 속명

실험 8. 효모 분리 및 혈구계수기로 균수 측정

1. 실험 목적

- 과일에서 야생효모를 분리하여 현미경으로 관찰할 수 있다.
- 혈구계수기를 사용하여 균수를 측정할 수 있다.

2. 실험 준비물

- 혈구계수기hemocytometer, 광학 현미경, 알코올 램프, 배양기, 슬라이드글라스, 커버글라스, 멸균 비닐백, 백금이, 멸균 시험관, 삼각 플라스크, 메틸렌 블루 염색 시약, PDApotato dextrose agar배지, 과일(포도 등)

3. 실험 방법

1) 효모 분리하기

① 포도 시료 5 g을 멸균 비닐백에 넣고 눌러서 으깨어 포도즙을 만든다.
② 포도즙을 멸균된 삼각 플라스크에 옮긴다.
③ 삼각 플라스크를 항온기에 넣고 30℃에서 3일간 배양한다.
④ 배양 후 1백금이 또는 일부를 피펫으로 취하여 PDA 고체배지에 획선 도말한다.
⑤ 30℃에서 2~3일간 배양한다.
⑥ 분리된 콜로니 중 생육이 우수한(콜로니 크기가 큰) 것을 선별하여 현미경으로 모양과 크기를 관찰한다.

2) 혈구계수기를 이용한 효모의 총균수 측정하기

① 과일에서 분리된 효모를 백금이로 10 mL YPD 액체 배지에 접종하고 30℃에서 2~3일 배양하면서 효모의 증식 상황을 관찰한다.
② 효모 배양액 1 mL를 멸균증류수 또는 멸균생리식염수로 적당히 희석한다(보통 1 구획 내에 5~10개 정도의 세포가 포함되도록 희석).

③ 커버글라스를 덮은 혈구계수기 내로 희석한 효모액을 주입한다.

④ 현미경으로 격자무늬 안에 있는 세포 수를 계산한다.

- 혈구계수기 1 구획의 부피는 $0.05\ mm \times 0.05\ mm \times 0.1\ mm = 0.00025\ mm^3$ 이다.
- 5 구획에 존재하는 효모 수를 측정하고 1 구획의 평균값을 계산한다.
- 구획선의 금에 걸쳐있는 세포는 왼쪽 및 위쪽 선에 있는 것만 측정한다.
- 출아 중인 것은 모세포를 합하여 1개의 세포로 간주한다.

⑤ 세포 수를 계산한다.

예) 10배 희석한 시료의 관찰 결과 5 구획에서 총 30개(5, 6, 5, 8, 6개)의 세포가 존재하는 경우, 1 구획에는 30/5인 평균 6개의 세포가 존재한다.

- 1 mL 당 미생물의 수 = 1 구획의 미생물 수 $\times 4 \times 10^6 \times$ 희석배수/mL
- 따라서, 배양액 1 mL 중에는 $6 \times 4 \times 10^6 \times 10$/mL = 2.4×10^8/mL의 세포가 존재하는 셈이다.

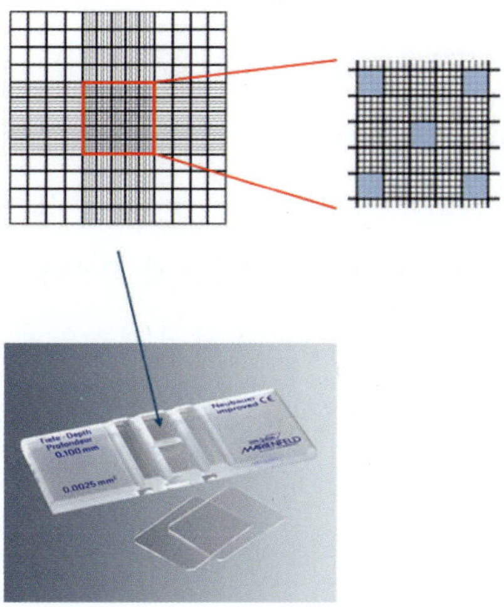

혈구계수기

4. 실험 결과

- 분리 배양한 효모 관찰 결과: 사진 또는 그림
- 혈구계수기를 이용하여 생균수 측정 및 계산 결과

실험 9. 유산균 분리 및 배양

1. 실험 목적

- 식품에서 유산균을 분리하여 배양할 수 있다.

2. 실험 준비물

- 광학 현미경, 배양기, 고압증기멸균기, 알코올 램프, 백금이, 슬라이드글라스, 커버글라스, 페트리 접시, 시험관, 피펫, 비닐백, 면봉, 장갑, 마커, MRS 한천배지(MRS agar)/MRS 배지(MRS broth), pH 지표 스트립, 멸균 식염수, 그람염색 키트, 식품(요거트, 김치, 기타 발효 야채) 등

3. 실험 방법

① 유산균이 포함된 것으로 알려진 식품 샘플(요거트, 김치 또는 발효 야채) 1 g을 멸균 식염수 9 mL로 균질화하여 10% 식품 현탁액을 만든다.

② 10배 단계 희석법으로 10^{-1}, 10^{-2}, 10^{-3} 등 연속적으로 희석한다.

③ 접종 루프 또는 피펫을 사용하여 희석된 각 샘플에서 100 μL를 MRS 한천배지 플레이트로 옮긴 후 스프레더를 사용하여 샘플을 배지 표면에 고르게 펼친다.

④ 30~37℃ 배양기에서 24~48시간 동안 또는 콜로니colonies가 생길 때까지 배양한다.

⑤ 배양 후 MRS 한천배지 플레이트에서 자란 콜로니를 관찰한다(유산균은 일반적으로 작고 둥글며 흰색에서 흰색에 가까운 콜로니를 형성한다).

⑥ 콜로니 형성 단위CFU를 세고 형태를 기록한다. 각 희석 플레이트의 콜로니 수와 모양을 기록한다.

⑦ MRS broth 또는 액체 배양액(사용하는 경우)의 pH를 측정하여 젖산 생성을 평가한다.

⑧ 집락 형태, 그람염색 및 pH 측정을 기준으로 분리된 세균이 젖산균일 가능성이 있는지 확인한다.

⑨ 결과를 알려진 유산균의 특성(그람 양성, 카탈라아제 음성, 젖산 생성)과 비교한다.

4. 실험 결과

- 유산균 배양액의 pH 측정 결과
- 유산균의 존재 여부 결과

실험 10. 유산균 활성 측정

1. 실험 목적

- 유산균 제품의 생균수를 측정한다.

2. 실험 준비물

- 콜로니 카운터(또는 육안 관찰용 확대경), 시험관, 피펫, 페트리 접시, 배지(MRS 배지 또는 선택적 배지), 생리식염수, 멸균증류수, 식품(유산균 음료나 캡슐, 또는 발효유 제품 등)

3. 실험 방법

① 유산균 제품에서 일정량(예: 1 mL 또는 1 g)을 취한다.

② 10배 희석법으로 희석 단계별 시리즈(10^0, 10^1, 10^2, …)로 준비한다. 각 희석액을 멸균된 상태로 유지한다.

③ 각 희석액 1 mL를 멸균된 MRS 한천배지에 도말한 후, 37℃ 배양기에서 48시간 동안 배양한다.

④ 배양 후 계수 가능한 범위(30~300콜로니)의 플레이트를 선택하여 형성된 콜로니 수를 계수한다.

⑤ 다음과 같이 생균수를 계산한다.

생균수(N, CFU/mL 또는 CFU/g) = 콜로니 수 × 희석 배수 × 도말된 시료 부피$^{-1}$

4. 실험 결과

- 콜로니 수 측정, 생균수 계산 결과

실험 11. 보전처리 방법에 따른 일반세균수 비교

1. 실험 목적

- 식품의 저장 방법에 따른 미생물 증식 정도를 설명할 수 있다.

2. 실험 준비물

- 멸균생리식염수 또는 멸균인산완충용액, 피펫, 시험관, PBS, 배양기, 교반기, PCAplate count agar 배지 또는 건조필름배지(일반세균수 측정용)

3. 실험 방법

① (전처리) 시료를 다음과 같이 실험 1일 전에 전처리한다.

- 시료1: 시료 200 g(또는 200 mL)을 상온에서 1일간 보관한다.
- 시료2: 시료 200 g(또는 200 mL)을 100℃ 이상에서 열처리 후 상온에서 1일간 보관한다.
- 시료3: 시료 200 g(또는 20 mL)을 0℃ 이하에서 냉동하여 1일간 보관한다.

② 준비된 시료를 진탕하여 혼합 후 각각 25 g(mL)을 채취한다(냉동된 시료3은 40℃ 이하에서 될 수 있는대로 단시간에 녹여 사용한다).

③ 채취한 검체는 희석액(멸균생리식염수 또는 멸균인산완충용액)을 이용하여 필요에 따라 10배, 100배, 1,000배 등 단계별 희석용액을 만들어 희석한다.

④ 표준평판법 또는 건조필름법을 이용하여 일반세균수를 측정한다.

4. 실험 결과

- 보존 처리 방법에 따른 미생물 증식 결과

참고문헌

강성태 외 1인, 식품미생물학, 형설출판사, 2002.

김덕웅외 5인, 21C 식품위생학, 수학사, 2015.

김정환 외 3인, 식품미생물학 및 발효식품학 실험, 지구문화사, 2008.

김찬조 외 1인, 식품미생물학, 수학사, 2006.

노완섭 외 11인, NEW 식품미생물학, 지구문화사, 2010.

박헌국 외 5인, 식품미생물학 제3판, 문운당, 2004.

박헌국 외 5인, 식품미생물학, 문운당, 2014.

방우석 외, 식품미생물학, 교문사, 2022.

배세은, 김하연, 이지혜, 장진화, 손현석. Bioinformatics의 새로운 기술-NGS의 현재 그리고 미래. 보건학논집, 48(1), 12-22, 2011.

신해헌 외 5인, 알기 쉬운 식품 미생물학 & 실험, 교문사, 2021.

오계헌 역, Brock의 미생물학 12편, 바이오사이언스, 2011.

오세욱 외 5인, 재미있는 식품위생학, 수학사, 2016.

윤진아 외 8인, 식품미생물학 및 실험, 파워북, 2014.

이종경 외 3인, 식품미생물학, 파워북, 2023.

전상학 역, 캠벨 생명과학 9판, 바이오사이언스, 2012.

조규성, 식품미생물학실험, 문운당, 2016.

최효수, 오남수, 우유와 유제품의 살균기술, 식품과학과 산업 9월호, 2020.

한영숙 외 6인, 식품미생물학, 파워북, 2015.

허윤행 외 4인, 식품미생물학 실험서, 지구문화사, 2009.

허윤행 외 5인, 식품미생물학, 지구문화사, 2013.

곰팡이 동정에 사용한 표준 도감 및 데이터베이스

식품공전 https://www.foodsafetykorea.go.kr/foodcode/index.jsp

식품안전나라 웹사이트 https://www.foodsafetykorea.go.kr/

식품의약품안전처 웹사이트 http://www.mfds.go.kr

찾아보기

저자 소개

강명화
호서대학교 식품영양학과 교수

강민정
연성대학교 식품영양학과 교수

국무창
배화여자대학교 식품영양학과 교수

김영태
유한대학교 식품영양학과 교수

김재한
충남대학교 식품영양학과 교수

문기성
국립한국교통대학교 식품생명학부 생명공학전공 교수

박 훈
선문대학교 식품공학·영양학부 교수

박난주
선문대학교 식품공학·영양학부 교수

서동주
광주대학교 식품영양학과 교수

윤진아
강서대학교 식품영양학과 교수

이근종
숭의여자대학교 식품영양과 교수

이제혁
국립공주대학교 식품영양학과 교수

최연정
삼육대학교 식품영양학과 교수

최진희
대진대학교 식품영양학과 교수

이해하기 쉬운

식품미생물학

2025년 5월 15일 초판 인쇄
2025년 5월 20일 초판 발행

지은이 | 강명화, 강민정, 국무창, 김영태, 김재한, 문기성, 박 훈,
박난주, 서동주, 윤진아, 이근종, 이제혁, 최연정, 최진희
발행인 | 유제구
발행처 | 파워북
주 소 | 경기도 고양시 일산동구 호수로 358-25
동문타워 2차 529호
전 화 | (02) 730-1412
팩 스 | (031) 908-1410
등 록 | 1997. 1. 31. 제2014-000067호

정 가 23,000원
ISBN 978-89-8160-528-5 (93590)